职业技能培训教材

建筑工程系列

建筑电工

◎ 吴照强　李　新　乔现中　主编著

◎ 邱海亮　张　敬　副主编著

中国农业科学技术出版社

图书在版编目（CIP）数据

建筑电工/吴照强，李新，乔现中编著. —北京：
中国农业科学技术出版社，2019.9
（职业技能培训教材·建筑工程系列）
ISBN 978-7-5116-4351-3

Ⅰ.①建…　Ⅱ.①吴…　②李…　③乔…　Ⅲ.①建筑工程-电工技术-技术培训-教材　Ⅳ.①TU85

中国版本图书馆 CIP 数据核字（2019）第 183266 号

责任编辑　闫庆健　陶　莲
责任校对　贾海霞

出 版 者　中国农业科学技术出版社
　　　　　北京市中关村南大街 12 号　　邮编：100081
电　　话　（010）82106625（编辑室）　（010）82109704（发行部）
　　　　　（010）82109709（读者服务部）
传　　真　（010）82106625
网　　址　http://www.castp.cn
经 销 者　各地新华书店
印 刷 者　北京建宏印刷有限公司
开　　本　850mm×1 168mm　1/32
印　　张　6.5
字　　数　181 千字
版　　次　2019 年 9 月第 1 版　2019 年 9 月第 1 次印刷
定　　价　26.80 元

前　言

随着我国经济建设飞速发展，城乡建设规模日益扩大，建筑施工队伍不断增加，建筑工程基层施工人员肩负着重要的施工职责，是他们依据图纸上的建筑线条和数据，一砖一瓦地建成实实在在的建筑空间，他们技术水平的高低，直接关系到工程项目施工的质量和效率，关系到建筑物的经济和社会效益，关系到使用者的生命和财产安全，关系到企业的信誉、前途和发展。对此，我国在建筑行业实行关键岗位培训考核和持证上岗，对于提高从业人员的专业水平和职业素养、促进施工现场规范化管理、保证工程质量和安全以及推动行业发展和进步发挥了重要作用。

本丛书结合原建设部、劳动和社会保障部发布的《职业技能标准》和《职业技能岗位鉴定规范》，以实现全面提高建设领域职工队伍整体素质，加快培养具有熟练操作技能的技术工人，尤其是加快提高建筑业基层施工人员职业技能水平，保证建筑工程质量和安全，促进广大基层施工人员就业为目标，按照国家职业资格等级划分要求，结合农民工实际情况，具体以“职业资格五级（初级工）”“职业资格四级（中级工）”和“职业资格三级（高级工）”为重点而编写，是专为建筑业基层施工人员“量身订制”的一套培训教材。

本丛书包括《建筑机械操作工》《测量放线工》《建筑电工》《砌筑工》《电焊工》《钢筋工》《水暖工》《防水工》《抹灰工》《油漆工》共10种。

丛书内容不仅涵盖了先进、成熟、实用的建筑工程施工技术，还包括了现代新材料、新技术、新工艺、环境与职业健康安全、节能环保等方面的知识，内容全面、先进、实用，文字通俗易懂、语言生动，并辅以大量直观的图表，能满足不同文化层次的技术工人

和读者的需要。

由于时间限制，以及作者水平有限，书中难免有疏漏和谬误之处，欢迎广大读者批评指正。

编著者
2019年8月

目　录

第一章 建筑电工涉及法律法规及规范

第一节　建筑电工涉及法律法规

一、《中华人民共和国建筑法》

1. 建筑法赋予建筑电工的权利

（1）有权对影响人身健康的作业程序和作业条件提出改进意见，有权获得安全生产所需的防护用品，对危及生命安全和人身健康的行为有权提出批评、检举和控告；

（2）对建筑工程的质量事故、质量缺陷有权向建设行政主管部门或者其他有关部门进行检举、控告、投诉。

2. 保障他人合法权益

从事建筑电工作业时应当遵守法律、法规，不得损害社会公共利益和他人的合法权益。

3. 不得违章作业

建筑电工在作业过程中，应当遵守有关安全生产的法律、法规和建筑行业安全规章、规程，不得违章指挥或者违章作业。

4. 依法取得执业资格证书

从事建筑活动的建筑电工技术人员，应当依法取得执业资格证书，并在执业资格证书许可的范围内从事建筑活动。

5. 安全生产教育培训制度

建筑电工在施工单位应接受安全生产的教育培训，未经安全生产教育培训的建筑电工不得上岗作业。

6. 施工中严禁违反的条例

必须严格按照工程设计图纸和施工技术标准施工，不得偷工减料或擅自修改工程设计。

7. 不得收受贿赂

在工程发包与承包中索贿、受贿、行贿，构成犯罪的，依法追究刑事责任；不构成犯罪的，分别处以罚款，没收贿赂的财物。

二、《中华人民共和国消防法》

1. 消防法赋予建筑电工的义务

维护消防安全、保护消防设施、预防火灾、报告火警、参加有组织的灭火工作。

2. 造成消防隐患的处罚

建筑电工在作业过程中，不得损坏、挪用或者擅自拆除、停用消防设施、器材，不得埋压、圈占、遮挡消火栓或者占用防火间距，不得占用、堵塞、封闭疏散通道、安全出口、消防车通道。人员密集场所的门窗不得设置影响逃生和灭火救援的障碍物。违者处 5 000 元以上 50 000 元以下罚款。

三、《中华人民共和国电力法》

建筑电工在作业过程中，不得危害发电设施、变电设施和电力线路设施及其有关辅助设施；不得非法占用变电设施用地、输电线路走廊和电缆通道；不得在依法划定的电力设施保护区内堆放可能危及电力设施安全的物品。

四、《中华人民共和国计量法》

建筑电工在作业过程中，不得破坏使用计量器具的准确度，损害国家和消费者的利益。

五、《中华人民共和国劳动法》《中华人民共和国劳动合同法》

1. 劳动法、劳动合同法赋予建筑电工的权利

（1）享有平等就业和选择职业的权利。

（2）取得劳动报酬的权利。

（3）休息休假的权利。

（4）获得劳动安全卫生保护的权利。

（5）接受职业技能培训的权利。

（6）享受社会保险和福利的权利。

（7）提请劳动争议处理的权利。

（8）法律规定的其他劳动权利。

2. 劳动合同的主要内容

（1）用人单位的名称、住所和法定代表人或者主要负责人。

（2）劳动者的姓名、住址和居民身份证或者其他有效身份证件号码。

（3）劳动合同期限。

（4）工作内容和工作地点。

（5）工作时间和休息休假。

（6）劳动报酬。

（7）社会保险。

（8）劳动保护、劳动条件和职业危害防护。

（9）法律、法规规定应当纳入劳动合同的其他事项。

（10）劳动合同除前款规定的必备条款外，用人单位与劳动者可以约定试用期、培训、保守秘密、补充保险和福利待遇等其他事项。

3. 劳动合同订立的期限

根据国家法律规定，在用工前订立劳动合同的，劳动关系自用工之日起建立。已建立劳动关系，未同时订立书面劳动合同的，应当自用工之日起 1 个月内订立书面劳动合同。

4. 劳动合同的试用期限

劳动合同期限 3 个月以上不满 1 年的，试用期不得超过 1 个月；劳动合同期限 1 年以上不满 3 年的，试用期不得超过 2 个月；

3年以上固定期限和无固定期限的劳动合同，试用期不得超过6个月。

5. 劳动合同中不约定试用期的情况

以完成一定工作任务为期限的劳动合同或者劳动合同期限不满3个月的，不得约定试用期。

6. 劳动合同中约定试用期不成立的情况

劳动合同仅约定试用期的，试用期不成立，该期限为劳动合同期限。

7. 试用期的工资标准

试用期的工资不得低于本单位相同岗位最低档工资或者劳动合同约定工资的80%，并不得低于用人单位所在地的最低工资标准。

8. 没有订立劳动合同情况下的工资标准

用人单位未在用工的同时订立书面劳动合同，与劳动者约定的劳动报酬不明确的，新招用的劳动者的劳动报酬按照集体合同规定的标准执行，没有集体合同或者集体合同未规定的，实行同工同酬。

9. 无固定期限劳动合同

无固定期限劳动合同，是指用人单位与劳动者约定无确定终止时间的劳动合同。

10. 固定期限劳动合同

固定期限劳动合同，是指用人单位与劳动者约定合同终止时间的劳动合同。建筑电工在该用人单位连续工作满10年的，应当订立无固定期限劳动合同。

11. 工作时间制度

国家实行劳动者每日工作时间不超过8小时、平均每周工作时间不超过44小时的工时制度。

12. 休息时间制度

用人单位应当保证劳动者每周至少休息1日，在元旦、春节、国际劳动节、国庆节、法律法规规定的其他休假节日期间应当依法安排劳动者休假。

13. 集体合同的工资标准

集体合同中劳动报酬和劳动条件等标准不得低于当地人民政府规定的最低标准；用人单位与劳动者订立的劳动合同中劳动报酬和劳动条件等标准不得低于集体合同规定的标准。

14. 非全日制用工

（1）非全日制用工，是指以小时计酬为主，劳动者在同一用人单位一般平均每日工作时间不超过 4 小时，每周工作时间累计不超过 24 小时的用工形式。

（2）非全日制用工双方当事人不得约定试用期。

六、《中华人民共和国安全生产法》

1. 安全生产法赋予建筑电工的权利

（1）建筑电工作业人员有权了解其作业场所和工作岗位存在的危险因素、防范措施及事故应急措施，有权对本单位的安全生产工作提出建议。

（2）建筑电工作业人员有权对本单位安全生产工作中存在的问题提出批评、检举、控告，有权拒绝违章指挥和强令冒险作业。

（3）建筑电工作业时，发现危及人身安全的紧急情况，有权停止作业或采取的应急措施后撤离作业场所。

（4）建筑电工因生产安全事故受到损害，除依法享有工伤保险外，依照有关民事法律尚有获得赔偿的权利的，有权向本单位提出赔偿要求。

（5）建筑电工享有配备劳动防护用品、进行安全生产培训的权利。

2. 安全生产法赋予建筑电工的义务

（1）作业过程中，应当严格遵守本单位的安全生产规章制度和操作规程，服从管理，正确佩戴和使用劳动防护用品。

（2）发现事故隐患或者其他不安全因素，应当立即向现场安全生产管理人员或者本单位负责人报告，接到报告的人员应当及时予以处理。

（3）认真接受安全生产教育和培训，掌握本职工作所需的安全生产知识，提高安全生产技能，增强事故预防和应急处理能力。

3. 建筑电工人员应具备的素质

具备必要的安全生产知识，熟悉有关的安全生产规章制度和安全操作规程，掌握本岗位的安全操作技能，了解事故应急处理措施，知悉自身在安全生产方面的权利和义务。

4. 掌握四新

建筑电工作业人员在采用新工艺、新技术、新材料、新设备的同时，必须了解、掌握其安全技术特性，采取有效的安全防护措施，严禁使用应当淘汰的、危及生产安全的工艺、设备。

5. 员工宿舍

生产、经营、储存、使用危险物品的车间、商店、仓库不得与员工宿舍在同一座建筑物内，并与员工宿舍保持安全距离。员工宿舍应设有符合紧急疏散要求、标志明显、保持畅通的出口。

七、《中华人民共和国保险法》《中华人民共和国社会保险法》

1. 社会保险法赋予建筑电工的权利

依法享受社会保险待遇，有权监督本单位为其缴费情况，有权查询缴费记录、个人权益记录，要求社会保险经办机构提供社会保险咨询等相关服务。

2. 用人单位应缴纳的保险

（1）基本养老保险，由用人单位和建筑电工共同缴纳。

（2）基本医疗保险，由用人单位和建筑电工按照国家规定共同缴纳基本医疗保险费。

（3）工伤保险，由用人单位缴纳按照本单位建筑电工工资总额，根据社会保险经办机构确定的费率缴纳。

（4）失业保险，由用人单位和建筑电工按照国家规定共同缴纳。

（5）生育保险，由用人单位按照国家规定缴纳。

3. 基本医疗保险不能支付的医疗费

（1）应当从工伤保险基金中支付的。

（2）应当由第三人负担的。

（3）应当由公共卫生负担的。

（4）在境外就医的。

4. 适用于工伤保险待遇的情况

因工作原因受到事故伤害或者患职业病，且经工伤认定的，享受工伤保险待遇；其中，经劳动能力鉴定丧失劳动能力的，享受伤残待遇。

5. 领取失业保险金的条件

（1）失业前用人单位和本人已经缴纳失业保险费满1年的。

（2）非因本人意愿中断就业的。

（3）已经进行失业登记，并有求职要求的。

6. 适用于领取生育津贴的情况

（1）女建筑电工生育享受产假。

（2）享受计划生育手术休假。

（3）法律、法规规定的其他情形。

生育津贴按照建筑电工所在用人单位上年度建筑电工月平均工资计发。

八、《中华人民共和国环境保护法》

1. 环境保护法赋予建筑电工的权利

发现地方各级人民政府、县级以上人民政府环境保护主管部门和其他负有环境保护监督管理职责的部门不依法履行职责的，

有权向其上级机关或者监察机关举报。

2. 环境保护法赋予建筑电工的义务

应当增强环境保护意识，采取低碳、节俭的生活方式，自觉履行环境保护义务。

九、《中华人民共和国民法通则》

民法通则赋予建筑电工的权利

建筑电工对自己的发明或科技成果，有权申请领取荣誉证书、奖金或者其他奖励。

十、《建设工程安全生产管理条例》

1. 安全生产管理条例赋予建筑电工的权利

（1）依法享受工伤保险待遇。

（2）参加安全生产教育和培训。

（3）了解作业场所、工作岗位存在的危险、危害因素及防范和应急措施，获得工作所需的合格劳动防护用品。

（4）对本单位安全生产工作提出建议，对存在的问题提出批评、检举和控告。

（5）拒绝违章指挥和强令冒险作业，发现直接危及人身安全紧急情况时，有权停止作业或者采取可能的应急措施后撤离作业场所。

（6）因事故受到损害后依法要求赔偿。

（7）法律、法规规定的其他权利。

2. 安全生产管理条例赋予建筑电工的义务

（1）遵守本单位安全生产规章制度和安全操作规程。

（2）接受安全生产教育和培训，参加应急演练。

（3）检查作业岗位（场所）事故隐患或者不安全因素并及时报告。

（4）发生事故时，应及时报告和处置；紧急撤离时，服从现场统一指挥。

（5）配合事故调查，如实提供有关情况。

（6）法律、法规规定的其他义务。

十一、《建设工程质量管理条例》

1. 建设工程质量管理条例赋予建筑电工的义务

对涉及结构安全的试块、试件以及有关材料，应当在建设单位或者工程监理单位监督下现场取样，并送具有相应资质等级的质量检测单位进行检测。

2. 重大工程质量安全事故的处罚

（1）违反国家规定，降低工程质量标准，造成重大安全事故，构成犯罪的，对直接责任人员依法追究刑事责任。

（2）发生重大工程质量事故隐瞒不报、谎报或者拖延报告期限的，对直接负责的主管人员和其他责任人员依法给予行政处分。

（3）因调动工作、退休等原因离开该单位后，被发现在该单位工作期间违反国家有关建设工程质量管理规定，造成重大工程质量事故的，仍应当依法追究法律责任。

十二、《工伤保险条例》

1. 认定为工伤的情况

（1）在工作时间和工作场所内，因工作原因受到事故伤害的。

（2）工作时间前后在工作场所内，从事与工作有关的预备性或者收尾性工作受到事故伤害的。

（3）在工作时间和工作场所内，因履行工作职责受到暴力等意外伤害的。

（4）患职业病的。

（5）因工外出期间，由于工作原因受到伤害或者发生事故下落不明的。

（6）在上下班途中，受到非本人主要责任的交通事故或者城

市轨道交通、客运轮渡、火车事故伤害的。

(7) 法律、行政法规规定应当认定为工伤的其他情形。

2. 视同为工伤的情况

(1) 在工作时间和工作岗位，突发疾病死亡或者在48小时之内经抢救无效死亡的。

(2) 在抢险救灾等维护国家利益、公共利益活动中受到伤害的。

(3) 建筑电工原在军队服役，因战、因公负伤致残，已取得革命伤残军人证，到用人单位后旧伤复发的。

有前款第(1)项、第(2)项情形的，按照本条例的有关规定享受工伤保险待遇；有前款第(3)项情形的，按照本条例的有关规定享受除一次性伤残补助金以外的工伤保险待遇。

3. 工伤认定申请表的内容

工伤认定申请表应当包括事故发生的时间、地点、原因以及建筑电工伤害程度等基本情况。

4. 工伤认定申请的提交材料

(1) 工伤认定申请表。

(2) 与用人单位存在劳动关系(包括事实劳动关系)的证明材料。

(3) 医疗诊断证明或者职业病诊断证明书(或者职业病诊断鉴定书)。

5. 享受工伤医疗待遇的情况

(1) 在停工留薪期内，原工资福利待遇不变，由所在单位按月支付。

(2) 停工留薪期一般不超过12个月。伤情严重或者情况特殊，经设区的市级劳动能力鉴定委员会确认，可以适当延长，但延长不得超过12个月。工伤建筑电工评定伤残等级后，停发原待遇，按照本章的有关规定享受伤残待遇。工伤建筑电工在停工留薪期满后仍需治疗的，继续享受工伤医疗待遇。

（3）生活不能自理的工伤建筑电工在停工留薪期需要护理的，由所在单位负责。

6. 停止享受工伤医疗待遇的情况

工伤建筑电工有下列情形之一的，停止享受工伤保险待遇：

（1）丧失享受待遇条件的。

（2）拒不接受劳动能力鉴定的。

（3）拒绝治疗的。

十三、《女职工劳动保护特别规定》

1. 女建筑电工怀孕期间的待遇

（1）用人单位不得在女职工怀孕期、产期、哺乳期降低其基本工资，或者解除劳动合同。

（2）女职工在月经期间，所在单位不得安排其从事高空、低温、冷水和国家规定的第三级体力劳动强度的劳动。

（3）女职工在怀孕期间，所在单位不得安排其从事国家规定的第三级体力劳动强度的劳动和孕期禁忌从事的劳动，不得在正常劳动日以外延长劳动时间；对不能胜任原劳动的，应当根据医务部门的证明，予以减轻劳动量或者安排其他劳动。怀孕 7 个月以上（含 7 个月）的女职工，一般不得安排其从事夜班劳动；在劳动时间内应当安排一定的休息时间。怀孕的女职工，在劳动时间内进行产前检查，应当算作劳动时间。

2. 产假的天数

女职工产假为 98 天，其中产前休假 15 天。难产的，增加产假 15 天。多胞胎生育的，每多生育一个婴儿，增加产假 15 天。女职工怀孕流产的，其所在单位应当根据医务部门的证明，给予一定时间的产假。

第二节　建筑电工涉及标准

(1)《施工现场临时用电安全技术规范》(JGJ 46—2005)。

(2)《建筑工程施工质量验收统一标准》(GB 50300—2013)。

(3)《电气装置安装工程电缆线路施工及验收规范》(GB 50168—2006)。

(4)《电气装置安装工程接地装置施工及验收规范》(GB 50169—2016)。

(5)《综合布线系统工程验收规范》(GB/T 50312—2016)。

(6)《建筑设计防火规范》(GB 50016—2014)。

(7)《建筑物防雷设计规范》(GB 50057—2010)。

(8)《建筑照明设计标准》(GB 50034—2013)。

(9)《通用用电设备配电设计规范》(GB 50055—2011)。

(10)《室外作业场地照明设计标准》(GB 50582—2010)。

(11)《建设工程施工现场供用电安全规范》(GB 50194—2014)。

(12)《施工现场机械设备检查技术规程》(JGJ 160—2016)。

(13)《电气装置安装工程 高压电器施工及验收规范》(GB 50147—2010)。

(14)《电气装置安装工程 电力变压器、油浸电抗器、互感器施工及验收规范》(GB 50148—2010)。

(15)《电气装置安装工程 母线装置施工及验收规范》(GB 50149—2010)。

(16)《电气装置安装工程 电气设备交接试验标准》(GB 50150—2016)。

(17)《电气装置安装工程 旋转电机施工及验收规范》(GB 50170—2006)。

(18)《电气装置安装工程盘、柜及二次回路接线施工及验收规范》(GB 50171—2012)。

(19)《电气装置安装工程 蓄电池施工及验收规范》(GB 50172—2012)。

(20)《电气装置安装工程 低压电器施工及验收规范》(GB 50254—2014)。

(21)《电气装置安装工程 电力变流设备施工及验收规范》(GB 50255—2014)。

(22)《电气装置安装工程 起重机电气装置施工及验收规范》(GB 50256—2015)。

(23)《建筑电气工程施工质量验收规范》(GB 50303—2015)。

第二章

建筑电工岗位要求

第一节　建筑电工职业资格考试的申报

一、报考初级建筑电工应具备的条件

（1）从事本工种工作3年以上，所在企业出具工龄证明的人员。

（2）职业学校的毕业生。

二、报考中级建筑电工应具备的条件

（1）应具备6年以上工种工龄，或持初级工证书2年以上，经省级建设行政主管部门批准的建设类培训机构培训、考核合格并获本工种“培训合格证”的人。

（2）对口专业职校毕业生或大专以上学历，经1年以上本工种实践的学生。

三、报考高级建筑电工应具备的条件

（1）应具备10年以上本工种工龄，或持中级工证书3年以上，经省级建设行政主管部门批准的建设类培训机构培训、考核合格并获本工种“培训合格证”的人员。

（2）高级技工学校毕业生，对口专业大专以上毕业生，2年以上本工种实践经验或经培训机构进行相关工种的高级工课程培训合格者。

第二节 建筑电工职业资格考试考点

一、建筑电工知识考点

1. 常用电工指示仪表的分类、结构、工作原理与表示符号
2. 常用电工测量仪表的分类、结构、工作原理与表示符号
3. 常用电工工具名称、规格和用途
4. 安全操作规程
5. 变压器构造与工作原理
6. 人身触电机理
7. 触电急救的注意事项
8. 电气灭火的规则
9. 识读简单电气施工图
10. 电动机容量、线路及熔断器的选择

二、建筑电工操作考点

1. 三相异步电机的控制
2. 单相电机的控制
3. 供、配电系统、设备、线路及照明设施的安装与使用
4. 电子线路的应用
5. 仪表使用
6. 工具使用
7. 安全防护用具使用
8. 故障判断与处理

第三节 建筑电工的工作要求

一、初级建筑电工的工作要求

初级建筑电工的工作要求，见表 2-1。

表 2-1　初级建筑电工的工作要求

职业功能	工作内容	技能要求	相关知识
基本操作技能	三相异步电机的控制	1. 两电机手动顺序控制 2. 两电机自动顺序控制 3. 点动控制 4. 两地控制 5. 正反转控制 6. 电机 Y—△启动控制 7. 电动机能耗制动控制 8. 电动机行程位置开关控制 9. 双速电机的启动	1. 电气图的分类与控制电路图的规则 2. 常用电气图形、符号和项目代号 3. 常用电气系统图、电路图、接线图的表达方式 4. 识读简单电气施工图 5. 三相异步电动机的分类、结构与工作原理 6. 交流异步电动机的启动、制动方法 7. 交流异步电动机的电压、电流、功率、转速、温升等参数 8. 双速电动机的工作原理及启动方法 9. 电动机容量、线路及熔断器的选择 10. 电动机的轴承与润滑 11. 小型异步电动机的拆、装、清洗 12. 电动机能耗制动原理
	单相电机的控制	1. 启动绕组、工作绕组及启动电容器的接线 2. 单相电机正反转的控制	1. 单相电机的结构与工作原理 2. 单相电机的启动方式
	供、配电系统、设备、线路及照明设施的安装与使用	1. 熟悉一般低压配电所的供电系统 2. 供、配电设备的安装、维护与保养 3. 掌握倒闸操作的基本要求 4. 漏电自动开关的安装 5. 触摸开关、人体感应开关、计数开关的安装 6. 单相电度表的安装 7. 白炽灯、日光灯、高压荧光灯的安装 8. 导线的敷设及连接 9. 照明熔断器、熔丝的选择	1. 识读变电所一次接线图 2. 变压器的结构与工作原理 3. 配电装置的结构与电器元件的作用 4. 过流保护 5. 漏电保护 6. 接地保护 7. 常用电工材料的名称、规格及用途 8. 铜、铝导线的特点、使用范围及连接时应注意事项 9. 常用线管的特点和使用范围 10. 室内布线的种类、施工的技术要术和操作要求 11. 了解电缆头的制作方法 12. 导线的连接方法 13. 架空线路的类型

（续表）

职业功能	工作内容	技能要求	相关知识
基本操作技能	电子线路的应用	1. 电阻的类别、功率、阻值的判别 2. 电容的类别、容量、耐压及质量的判别 3. 二极管、三极管判别 4. 单相桥式整流电路的安装与调试 5. 晶体管开关电路的安装与调试	1. 电阻、电容、二极管、三极管型号、规格、参数及测试方法 2. 整流电路原理 3. 三极管开关电路原理
仪表、工具、安全防护用具使用	仪表使用	1. 电压表、电流表及电度表的使用 2. 万用表的使用 3. 钳形电流表的使用 4. 兆欧表的使用 5. 转速表的使用 6. 接地电阻测量仪的使用	1. 常用电工指示仪表的分类、结构、工作原理与表示符号 2. 常用电工测量仪表的分类、结构、工作原理与表示符号
	工具使用	1. 验电笔、螺丝刀、钢丝钳、电工刀及剥线钳等电工工具的使用 2. 喷灯、紧线钳及液压工具的使用 3. 射钉枪、冲击钻、电锤等手持式电动工具的使用	1. 常用电工工具名称、规格和用途 2. 专用工具的名称、规格和用途
	安全防护用具使用	1. 高、低压验电器的使用 2. 携带型接地线的使用 3. 登高用具、绝缘手套及绝缘靴、垫及绝缘棒的使用	1. 电工常用防护用具名称、规格及使用注意事项 2. 安全操作规程

(续表)

职业功能	工作内容	技能要求	相关知识
故障判断与处理	异步电动机	不能启动、发热、有振动、响声不正常、转速低、电流超过正常值等故障判断与处理	异步电动机的结构和工作原理
	变压器	输出电压过高、过低不平衡或无输出、线圈发热、冒烟及空载电流大、响声不正常等故障判断与处理	变压器构造与工作原理
	低压电器	接触器、继电器等低压电器的触点冒火花、接点不通、有噪音、线圈发热、衔铁卡死或吸合不正等故障判断与处理	低压电器的结构与工作原理
	异步电动机控制线路	故障判断与处理	1. 读图知识 2. 控制线路故障查找方法
安全	触电	1. 人身触电抢救的步骤 2. 心肺复苏法	1. 人身触电机理 2. 触电急救的注意事项
	火灾	常用灭火器的正确使用	电气灭火的规则

二、中级建筑电工的工作要求

中级建筑电工的工作要求，见表2-2。

表 2-2　中级建筑电工的工作要求

职业功能	工作内容	技能要求	相关知识
电机控制	交流电动机控制	1. 电动机顺控、Y—△启动、能耗制动及双速控制线路安装接线 2. 电动机顺控、Y—△启动、能耗制动及双速控制线路故障排除	1. 中、小型交流电动机绕组的分类、绘制绕组展开图、接线图并判别 2.4.6.8 极单路、双路绕组接线图 2. 常用电器型号组成及表示方法 3. 断路器、接触器、隔离开关规格型号与选择整定 4. 中间继电器、热继电器及时间继电器型号规格与选择整定 5. 常用按钮、行程开关、转换开关等型号、文字图形表示及选择 6. 熔断器型号规格及熔丝选择计算
	直流电动机控制	1. 直流电动机的正、反转、调速及能耗制动的控制 2. 直流电动机的正、反转、调速及能耗制动控制线路的故障排除	1. 直流电机的结构及工作原理 2. 直流电机的绕组与换向 3. 直流电机的故障与排除
仪器仪表与电气参数测量	仪器、仪表使用	1. 信号发生器的使用 2. 毫伏表的使用 3. 双踪示波器的使用 4. 单臂电桥的使用	1. 电子工作台、信号发生器、毫伏表、双踪示波器、面包实验板结构、工作原理及使用注意事项 2. 电桥的结构、工作原理及使用注意事项
	电气参数测量	1. 电能与功率的测量 2. 电感量的测量 3. 功率因数的测量	1. 单相、三相有功电度表的构造工作原理与接线 2. 功率表的结构与原理 3. 功率因数表的构造、工作原理与接线 4. 无功三相电度表的构造工作原理与接线

（续表）

职业功能	工作内容	技能要求	相关知识
电子技术应用	电子元件的判别	1. 电感的类别、数值及质量的判别 2. 桥堆、稳压管管脚质量的判别 3. 单结晶体管、晶闸管类别、型号、管脚及质量的判别 4. 常用与非门集成块型号与管脚的判别 5. 常用运算放大器集成块型号与管脚的判别	电阻、电容、晶体管、与非门、集成运放的功能及使用注意事项
	电子线路焊接与组装	1. 单管放大电路焊接与调试 2. 单相整流电路焊接与调试 3. 单相可控硅调压电路组装与调试 4. 与非门功能测试电路组装与调试 5. 反相运放电路组装与调试 6. 串联型稳压电源电路	1. 晶体管基本放大电路类型、静态工作点作用及决定静态工作点的参数与调整方法 2. 整流电路类型及 RC 滤波电路的作用 3. 可控硅导通条件及单结晶体管触发电路的原理 4. 数字电路的基本知识 5. 运算放大器的基本知识 6. 电子元件安装基本知识与线路焊接技术要求及注意事项
供电	三相负载接线方式与测量	三相对称负载与不对称负载接线方式与电压、电流量的测量	1. 零序电流、零序电压的概念 2. 相电流与线电流的概念与负载接线方式的关系

（续表）

职业功能	工作内容	技能要求	相关知识
供电	变压器的测试	1. 高低压绕组的判别 2. 判断同名端 3. 画出 Y/Y 及 Y/△联接的接线图和相量图 4. 判别变压器接线组别	1. 电力变压器结构及工作原理 2. 变压器接线组别的概念 3. 变压器的相量图 4. 变压器接线组别的判别 5. 同名端判断的方法 6. 变压器油性能的测试
	供电系统、设备及备用电源	1. 供电系统图的绘制 2. 低压供电设备的安装调试及二次接线 3. 备用发电机组的操作与维护 4. 绝缘预防性试验	1. 熟悉供电规则 2. 熟悉柴（汽）油机及交流发电机的结构与工作原理 3. 熟悉绝缘预防性试验的知识 4. 熟悉继电保护的基本知识 5. 熟悉消防供、配电基本知识
电气控制	可编程控制器	1. 电机正反转控制 2. Y—△控制 3. 三速电机控制	1. 可编程控制器结构与工作原理 2. 掌握 FX 型可编程控制器的逻辑指令 3. 利用逻辑指令对电气控制系统进行编程

三、高级建筑电工的工作要求

高级建筑电工的工作要求，见表 2-3。

表 2-3 高级建筑电工的工作要求

职业功能	工作内容	技能要求	相关知识
控制技术	可编程控制器	1. 电机的能耗制动控制 2. 交通灯控制 3. 简易机械手控制 4. 电镀生产线控制 5. 运输机流水线控制 6. 三层电梯控制	1. 可编程控制器结构与工作原理 2. 编程技巧 3. FX 型逻辑指令、顺控指令与部分功能指令

（续表）

职业功能	工作内容	技能要求	相关知识
控制技术	变频调速	1. 外部操作 2. DU 操作	1. FR—A540 变频器结构与工作原理 2. 接线与参数设定
	数控技术	线切割机床的简单操作	1. 插补原理及编程 2. 线切割数控系统
供电	高压断路器	1. 少油高压断路器的安装调试 2. SF6 高压断路器的安装调试 3. 真空高压断路器的安装调试	1. 灭弧原理 2. 少油、SF6、真空高压断路器的结构与工作原理 3. 少油、SF6、真空高压断路器的保护装置
	继电保护整定	1. 带反时限的过流保护装置整定 2. 变压器差动保护装置整定 3. 10kv 漏电保护装置整定	1. 过流保护的时限配合 2. 短路电流的种类计算 3. 差动保护的原理 4. 高压漏电保护装置原理
	绝缘预防试验	1. 绝缘吸收比的测试 2. 交、直流耐压试验 3. 泄漏电流测试 4. 介损角正切值测试	1. 过电压种类及危害 2. 绝缘介质的特性 3. 高压电桥、试验变压器结构与工作原理
电子技术	数字逻辑电路应用	1. 组合逻辑电路应用 2. 时序逻辑电路应用	1. 与非门电路 2. 逻辑代数及化简 3. 真值表 4. JK 触发器与 D 触发器的驱动方程、特性方程 5. 十进制、八进制计数器的状态转换图、真值表及波形图

（续表）

职业功能	工作内容	技能要求	相关知识
电子技术	集成电路应用	1. 555的单稳态、双稳态及多谐振荡电路的接线与调试 2. 324集成运放的加法、减法、微分、积分的接线与调试 3. 324集成运放正反相放大驱动电路的接线与调试	1. 555集成定时器的结构及工作原理 2. 324集成运放结构及工作原理
	三相可控整流	1. KC触发电路 2. 三相半波可控整流电路	1. 三相可控整流电路工作原理 2. 晶闸管触发电路的种类及工作原理 3. 三相可控整流电路的类型及特点
单片机	单片机的应用	1. 数的拆开、拼成的编程与上机调试 2. 无符号数乘法的编程与上机调试 3. 无符号数大小比较的编程与上机调试 4. 带符号数加法的编程与上机调试 5. LED灯循环控制的编程与接线调试 6. 七段数码管显示的编程与接线调试	1. 微机结构与工作原理 2. 单片机常用指令 3. 基本编程方法 4. 接口技术 5. 仿真器与计算机联网编程 6. WINDOWS的基本操作

第四节　建筑工人素质要求

建设工程技术人员的职业道德规范，与其他岗位相比更具有独特的内容和要求，这是由建设施工企业所生产创造的产品特点决定的。建设企业的施工行为是开放式的，从开工到竣工，现场施工人员的一举一动都通过建设项目产生社会影响。在施工过程中，某道工序、某项材料、某个部位的质量疏忽，会直接影响整个工程的正常推进。因此，其质量意识必须比其他行业更强，要求更高，且建设施工企业“重合同、守信用”的信誉度要求比一般行业都高。由此可见，建设行业的特点决定了建设施工企业道德建设的特殊性和严谨性，建设工程技术人员的职责要求也更高。

建设工程技术人员职业道德的高低，也显现在对岗位责任的表现上，一个职业道德高尚的人，必定也是一个对岗位职责认真履行的人。

一、加强技术人员职业道德建设的重要性

建设工程技术人员的职业道德具有与其行业相符的特殊要求，因此其重要性显得尤为突出。在市场经济条件下，企业要在激烈的市场竞争中站稳脚跟，就必须要进行职业道德建设。企业的生存和发展在任何条件下，都需要多找任务、找好任务，最重要的一条，是尽可能地满足业主要求，做到质量优、服务好、信誉高，这样才能在市场上占领更大的份额。职业道德是建设施工企业参与市场竞争的“入场券”，企业信誉来源于每个职工的技术素质和对施工质量的重视，以及企业职工职业道德的水平。由此可见，企业职工个人的职业道德是企业职业道德的基础，只有职工的道德水平提高了，整个企业的道德水平才能提高，企业才能在市场上赢得赞誉。

二、制定有行业特色的职业道德规范

《中共中央关于加强社会主义精神文明建设若干重要问题的

决议》为规范职业道德明确提出了“爱岗敬业、诚实守法、办事公道、服务群众、奉献社会”的二十字方针，这是社会主义企业职业道德规范的总纲。各行各业在制定自己的职业道德规范时，必须要蕴涵有行业的鲜明特色和独有的文化氛围。

建设施工行业作为主要承担建设的单位，有着不同于其他企业的行业特点。因此，建设施工行业制定行业道德规范时，除了“敬业、勤业、精业、乐业”以及岗位规范等内容外，还必须重点突出将质量意识放置首位、弘扬吃苦耐劳精神和集体主义观念、突出廉洁自律意识。

三、加强职业道德的环境建设

营造良好的企业文化氛围，全面提高职工的职业道德水平，对建设行业来说有着非常重要的意义，企业的内部环境直接影响职工的职业道德水平。古人云：“近墨者黑，近朱者赤。”营造良好的职业道德氛围可以从加强企业精神文明建设、树立企业先进人物模范、建立企业职工培训机制、大力开展各种创建活动几个方面入手。

四、施工技术人员职业道德规范细则

1. 热爱科技，献身事业

树立“科技是第一生产力”的观念，敬业爱岗，勤奋钻研，追求新知，掌握新技术、新工艺，不断更新业务知识，拓宽视野，忠于职守，辛勤劳动，为企业的振兴与发展贡献自己的力量。

2. 深入施工实际现场，勇于攻克难题

深入基层，深入现场，理论和实际相结合，科研和生产相结合，把施工生产中的难点作为工作重点，知难而进，百折不挠，不断解决施工生产中的技术难题，提高生产效率和经济效益。

3. 一丝不苟，精益求精

牢固确立精心工作、求实认真的工作作风。施工中严格执行建设技术规范，认真编制施工组织设计，做到技术上精益求精，

工程质量上一丝不苟，为用户提供合格建设产品，积极推广和运用新技术、新工艺、新材料、新设备，大力发展建设高科技，不断提高建设科学技术水平。

4. 以身作则，培育新人

谦虚谨慎，尊重他人，善于合作共事，搞好团结协作，既当好科学技术带头人，又甘当铺路石，培育科技事业的接班人，大力做好施工科技知识在职工中的普及工作。

5. 严谨求实，坚持真理

培养严谨求实，坚持真理的优良品德，在参与可行性研究时，坚持真理，实事求是，协助领导科学地决策；在参与投标时，从企业实际出发，以合理造价和合理工期进行投标；在施工中严格执行施工程序、技术规范、操作规程和质量安全标准。

第三章

建筑电工常用材料及工具仪表

第一节　建筑电工常用材料

一、导电材料

1. 导电材料的特性和用途

导电材料一般为固体或液体，其中金属材料是最主要的导电材料。最常用的导电金属材料为铜和铝，但在某些特殊场合，也需要用铜或铝的合金或其他金属合金。常用的电热材料为镍铬合金或铁铬铝合金，他们都具有较大的电阻系数。常用的电光源材料为钨丝。

金属导电材料的特性和用途见表 3-1。

2. 电线与电缆

电线与电缆品种很多，按照性能、结构、制造工艺及使用特点，分为以下五类：电气装备用电线电缆、电磁线、裸导线和裸导体制品、电力电缆、通信电线电缆。

制造电线与电缆的主要导电材料是铜和铝。

铜导线在导电性能、焊接性能和机械强度（指导线承受重力、拉力和扭折的能力）等方面都比铝导线好，所以动力线、电气设备的控制线和电机电器的线圈等大部分采用铜导线，但铝的密度小、质量轻、价格便宜，所以在架空、照明线等领域，铝成为铜的最好代用品。

一般用途铜、铝导体性能对比如下：

（1）电导率，铝约为铜的 61％。

表 3-1　导电金属主要特性和用途

名称	密度/(10^3kg·m^{-3})	熔点/℃	抗拉强度/MPa	电阻率/(10^{-8}Ω·m)	电温系数/(10^{-3}·℃$^{-1}$)	主要特征	主要用途
金 Au	19.30	1 064.4	130～140	2.40	3.40	导电性和导热性良好，还具有抗氧化，易加工，易焊等特点	电子材料等特殊用途
银 Ag	10.49	961.0	160～180	1.59	4.1	导电性和导热性为最佳，还具有抗氧化，易加工，易焊等特点	航空导线、耐热导线、射频电缆等导体和镀层
铜 Cu	8.96	1 084.9	200～220	1.72	3.93	导电性和导热性良好，还具有耐腐蚀，易加工，易焊等特点	各种导线电缆导体、母线和载流零件等
铁 Fe	7.86	1 538	250～330	9.78	5.0	具有机械强度高，压力加工电阻率较高等特点，但交流损耗大，易腐蚀	功率不大的广播线、电话线、爆破导线等
铝 Al	2.70	660.4	70～80	2.90	4.23	导电性和导热性良好，还具有抗氧化，易加工，质地轻等特点	各种导线电缆导体、母线和载流零件等
钨 W	19.30	2 410±10	1 000～1 200	5.3	4.50	具有强度高，硬度高，熔点高，耐磨等特点，但脆性大，高温易氧化，且需要特殊加工	电光源灯丝，电焊机电极，电子管灯丝、电极等
锡 Sn	7.30	232.0	15～27	12.6	4.2	具有塑性好，耐腐蚀等特点，但强度低	导体保护层，钎料熔丝

（2）密度，铝约为铜的30%。

（3）机械强度，铝约为铜的50%。

（4）比强度（抗拉强度/密度），铝约为铜的130%。

（5）在单位长度电阻相同的情况下，铝的质量约为铜的50%。

（6）电阻随温度的变化，铝的电阻温度系数略大于铜，约为铜的107%。

（7）铝的焊接性比铜差。

（8）铝资源丰富，其价格比铜低。

3. 电磁线

（1）漆包线。漆包线由导电线芯和绝缘层组成。漆包线的绝缘层是将绝缘漆均匀涂覆在导电线芯上，经过烘干而形成的漆膜。

①油性漆包线。油性漆包线的漆膜均匀，介质损耗角小，但耐刮性和耐溶剂性差，主要适用于中、高频线圈及电器仪表的线圈。

②缩醛漆包线。缩醛漆包线的耐冲击性、耐刮性和水解性能良好，但卷绕时漆膜易产生裂纹，主要适用于普通中小电机、微电机绕组和油浸变压器的线圈。

③聚氨酯漆包线。聚氨酯漆包线在高频条件下介质损耗较小，可以直接焊接，着色性好，可制成不同颜色的线，但过载性能、热冲击性能和耐刮性能较差，主要适用于要求Q值稳定的高频线圈电视线圈和仪表用的微细线圈。

④聚酯漆包线。聚酯漆包线在干燥和潮湿条件下，耐电压击穿性能、软化击穿性能和热冲击性较好，但耐水解性能差，与聚氯乙烯氯丁橡胶等含氯高分子化合物不相溶，主要适用于通用中小电机的绕组、干式变压器和电器仪表的线圈。

⑤聚酰亚胺漆包线。聚酰亚胺漆包线的漆膜耐热性最好，软化击穿和热击穿性好，能承受短期过载负荷，耐低温耐辐射，耐溶剂及化学药品腐蚀性好，但耐刮性差，耐碱性差，在含水密封

系统中容易水解，漆膜受卷绕时，应力容易产生裂纹，主要适用于耐高温电机、干式变压器、密封式继电器及电子元件。

（2）绕包线。绕包线是指电线芯或漆包线上利用天然丝、玻璃丝、绝缘纸或合成树脂等进行紧密绕包，形成绝缘层，部分绕包线在绕包好后再经过浸渍处理，构成组合绝缘的电磁线。

①玻璃丝包线、玻璃丝包漆包线。主要用于发电机，大、中型电动机，牵引电机，干式变压器中的绕组。

a. 双玻璃丝包圆铜线、双玻璃丝包圆铝线、双玻璃丝包扁铜线、双玻璃丝包扁铝线、单玻璃丝包聚酯漆包扁铜（铝）线、单玻璃丝包聚酯漆包圆铜线、双玻璃丝包聚酯漆包扁铜（铝）线。

优点：过负载性优，耐电晕性优，玻璃丝包漆包线的耐潮性好。

缺点：弯曲性较差，耐潮性较差。

b. 单玻璃丝包缩醛漆包圆铜线。

优点：过负载性优，耐电晕耐潮。

缺点：弯曲性较差。

c. 双玻璃丝包聚酯亚胺漆包扁铜线、单玻璃丝包聚酯亚胺漆包扁铜线。

优点：过负载性优，耐电晕性优，耐潮性优。

缺点：弯曲性较差。

d. 硅有机漆双玻璃丝包圆铜线、硅有机漆双玻璃丝包扁铜线。

优点：过负载性优，耐电晕性优，硅有机漆浸渍改进了耐水耐潮性能。

缺点：弯曲性较差，硅有机漆浸渍黏合能力较差，绝缘层的机械强度较差。

e. 双玻璃丝包聚酰亚胺漆包扁铜线、单玻璃丝包聚酰亚胺漆包扁铜线。

优点：过负载性优，耐电晕性优，耐潮性优。

缺点：弯曲性较差。

②纸包圆铜（铝）线、纸包扁铜（铝）线。主要用于作油浸电力变压器中的线圈。

优点：耐电压击穿性优，价格便宜。

缺点：绝缘纸容易破坏。

③单丝包油性漆包、单丝包聚酯漆包、双丝包油性漆包、双丝包聚酯漆包。主要用于仪表、电信设备的线圈和探矿电缆线芯。

优点：绝缘层的机械强度较好，油性漆包线的介质损耗角正切值小，丝包漆包线的电性能优。

缺点：如果不浸渍，丝包线的耐潮性差。

4. 熔体材料

熔体是熔断器的主要部件，不同的熔体通过相同的熔化电流，其熔化时间相差也很大。

纯金属熔体材料通常使用银、铜、铝、锡、铅和锌等，在特殊场合也可采用其他金属作熔体。

银具有优良的导热和导电性能，其导电性能在接近氧化的高温情况下也不会显著降低；耐腐蚀性好，与填料的相容性好；延展性好，能制成各种精确尺寸和复杂外形的熔体；焊接性好，在受热过程中能与其他金属形成共晶而不致损害其稳定性。

铜具有良好的导电和导热性能，机械强度高，但在温度较高时易氧化，故其熔断特性不够稳定，适宜作精度要求较低的熔体。

熔点合金熔体材料通常由不同成分的铋、镉、锡、铅、锑、铟等组成，它们的熔点较低，一般为60～200℃。由于它们具有对温度反应敏感的特性，故可用来制成温度熔断器的熔体，用于保护电炉、电热器等电热设备的过热。

熔体的熔断特性除与选用材料有直接关联外，还与熔体的外形、尺寸、安装方式及其他影响其散热的因素有密切关系。

5. 热双金属元件

热双金属元件是由两种热膨胀系数相差悬殊的金属复合而成的，这两种金属分别称为主动层与被动层。主动层的热膨胀系数一般为（17～27）$\times 10^{-6}$/℃，被动层金属的热膨胀系数一般为（2.6～9.7）$\times 10^{-6}$/℃。当电流流过热双金属元件或将热双金属元件放置在电器的某一线路上时，温度升高后的双金属元件因膨胀系数不同而弯曲变形，从而产生一个推力，使与之相连的触头改变通断状态。

热双金属元件结构简单、操作可靠，常用于电气控制和电动机的过载保护。常用热双金属元件的种类及用途见表 3-2。

表 3-2 常用热双金属元件的种类及用途

类型	特点及用途
通用型	适用于中等温度范围的多用途品种，有较高的灵敏度和强度
高温型	适用于 300℃以上的温度范围，有较高的强度和良好的抗氧化性能，但其灵敏度较低
低温型	适用于 0℃以下的温度范围，性能通用型大致相同
高灵敏型	具有高灵敏度、高电阻等特性，但其耐腐蚀性较差
电阻型	适用于各种小型化、标准化的电器保护装置，有高低不同的电阻率可供选用
耐腐蚀型	适合在腐蚀性介质中使用，性能通用型大致相同，且具有良好的耐腐蚀性
特殊型	适用于特殊范围的品种，具有各种特殊性能

二、绝缘材料

1. 绝缘材料的分类及特点

绝缘材料的种类很多，有气体绝缘材料、液体绝缘材料和固体绝缘材料。

（1）气体绝缘材料。

特性：在常温、常压下的干燥空气环境，具有良好的绝缘性和散热性。击穿后能迅速恢复绝缘性能，不燃、不爆、不老化、无腐蚀性，导热性好。

主要品种：空气、氮、氢、二氧化碳、六氟化硫、氟利昂。

主要用途：适用于高压电器中的特种气体具有高的电离场强和击穿场强。

（2）液体绝缘材料。

特性：电气性能好，闪点高，凝固点低，性能稳定，无腐蚀性。

主要品种：矿物油、合成油、精制蓖麻油。

主要用途：适用于变压器、油开关、电容器、电缆的绝缘、冷却、浸渍和填充。

（3）固体绝缘材料。

固体绝缘材料的分类很多，绝缘纤维制品、绝缘漆、熔敷粉末、浸渍纤维制品、绝缘云母制品、电工用塑料都属于固体绝缘材料。

①绝缘纤维制品。

特性：经浸渍处理后，吸湿性小，耐热、耐腐蚀、柔性强，抗拉强度高。

主要品种：绝缘纸、纸板、纸管、纤维织物。

主要用途：适用于电缆、电机绕组等的绝缘。

②绝缘漆、胶、熔敷粉末。

特性：以高分子聚合物为基础，能在一定条件下固化成绝缘膜或绝缘整体，起绝缘与保护作用。

主要品种：绝缘漆、环氧树脂、沥青胶、熔敷粉末。

③电工用塑料。

特性：由合成树脂、填料和各种添加剂配合后，在一定温度、压力下，加工成各种形状，具有良好的电气性能和耐腐蚀性。

主要品种：酚醛塑料、聚乙烯塑料。

主要用途：适用于绝缘构件和电缆护层。

④电工用橡胶。

特性：电气绝缘性好，柔软，强度较高。

主要品种：天然橡胶、合成橡胶。

主要用途：适用于制作电线、电缆绝缘和绝缘构件。

2. 绝缘材料的性能

(1) 基本电气性能。绝缘材料的基本电气性能就是其绝缘性，反映绝缘性的主要特性参数是泄漏电流、电阻率、绝缘电阻、介质损耗角、击穿强度等。

①泄漏电流。在绝缘材料两端加一直流电压后，会有一定的电流流过绝缘体，这一电流主要由瞬时充电电流、吸收电流和漏电电流组成。

a. 瞬时充电电流。几何电容充电电流，随时间迅速减小，直到充电完毕。

b. 吸收电流。由缓慢极化产生，随时间逐渐减小，直到极化完成。

c. 漏电电流。其大小反映了材料的绝缘性，数值越小绝缘性越好，一般为微安级。

②表面电阻率和体积电阻率。

a. 表面电阻率。材料表面的绝缘特性称为表面电阻率，单位为 Ω。

b. 体积电阻率。材料内部的绝缘特性称为体积电阻率，单位为 Ω·cm。绝缘材料的体积电阻率一般大于 10^9 Ω·cm。

③绝缘电阻和吸收比。

a. 绝缘电阻。绝缘材料两端所加直流电压和泄漏电流之比，称为绝缘电阻，单位为 MΩ。绝缘电阻通常采用兆欧表测量，为了消除充电电流和吸收电流的影响，应在加入直流电压一定时间以后进行数值的读取。

b. 吸收比。其值越大，绝缘性能越好，一般应大于 1.3。在通常情况下，绝缘电阻随温度升高而减小，吸收比亦有一定变化。

④击穿强度。当施加于绝缘材料两端的交流电场强度高于某一临界值后，其电流剧增，绝缘材料完全失去其绝缘性能，这种现象称为击穿。其临界电场强度称为击穿强度，单位为 kV/cm 或 kV/mm。

⑤相对介电常数。绝缘材料两端面之间相当于一电容器，其电容量为 C，该值与假定其间为真空时电容量 C_0 之比，称为相对

介电常数 ε_r。

ε_r值大于1，且 ε_r越大其绝缘性越好。

（2）耐热等级。绝缘材料的耐热等级见表3-3。

表 3-3 绝缘材料的耐热等级

耐热等级	耐热等级定义	绝缘材料
Y	经试验证明，在90℃极限温度下，能长期使用的绝缘材料或其组合物所组成的绝缘结构	未浸渍过的棉纱、丝及纸等材料或其组合物
A	经试验证明，在105℃极限温度下，能长期使用的绝缘材料或其组合物所组成的绝缘结构	经过浸渍或者浸在液体介质中的棉纱、丝及纸等材料或其组合物
E	经试验证明，在120℃极限温度下，能长期使用的绝缘材料或其组合物所组成的绝缘结构	合成有机薄膜、合成有机瓷漆等材料或其组合物
B	经试验证明，在130℃极限温度下，能长期使用的绝缘材料或其组合物所组成的绝缘结构	合适的树脂黏合或浸渍，涂覆后的云母、玻璃纤维、石棉等，以及其他无机材料、合适的有机材料或其组合物
F	经试验证明，在155℃极限温度下，能长期使用的绝缘材料或其组合物所组成的绝缘结构	合适的树脂黏合或浸渍、涂覆后的云母、玻璃纤维、石棉等，以及其他无机材料、合适的有机材料或其组合物
H	经试验证明，在180℃极限温度下，能长期使用的绝缘材料或其组合物所组成的绝缘结构	合适的树脂（如有机硅树脂）黏合或浸渍、涂覆后的云母、玻璃纤维、石棉等材料或其组合物
C	经试验证明，在超过180℃的温度下，能长期使用的绝缘材料或其组合物所组成的绝缘结构	合适的树脂黏合或浸渍、涂覆后的云母、玻璃纤维等，以及未经浸渍处理的云母、陶瓷、石英等材料或其组合物。C级绝缘的极限温度，应根据不同的物理、力学、化学和电气性能来确定

3. 电工用绝缘材料

（1）绝缘漆。

①有溶剂浸渍绝缘漆。有溶剂浸渍绝缘漆具有渗透性好、保质期长、使用方便、价格便宜等优点，但它应与其他溶剂稀释、混合才可使用。

②无溶剂浸渍绝缘漆。无溶剂浸渍绝缘漆由合成树脂、固化剂和活性稀释组成，其特点是固化快、流动性和浸透性好，绝缘整体性好。

（2）绝缘胶。

①电缆浇注胶。电缆浇注胶主要用于接线盒和终端盒的浇注。常用的电缆浇注胶有黄电缆胶、沥青电缆胶和环氧电缆胶等。

②沥青电缆胶。沥青电缆胶主要用于终端匣、接线匣及变压器、外绝缘体的浇灌。常用的沥青电缆胶型号有1811-1、1811-2、1812-1、1812-2、1811-3、1812-3等。

③环氧树脂胶。环氧树脂胶主要由环氧树脂（主体）、固化剂、增塑剂、填料等组成。

a. 固化剂：环氧树脂必须加入固化剂后才能固化。常用固化剂有酸酐类固化剂和胺类固化剂，其中胺类固化剂由于毒性大，已不采用。

b. 增塑剂：在环氧树脂中加入适量增塑剂，可提高固化物的抗冲击性。常用的增塑剂是聚酯树脂，一般用量为15%～20%。

c. 填充剂：加入的填充剂可以减少固化物的收缩率，提高导热性、形状稳定性、耐腐蚀性和机械强度，以及降低成本。常用填充剂有石英粉、石棉粉等。

（3）绝缘管。绝缘管主要用于电器引线和电气安装导线穿管，起到绝缘和保护的作用。常用的绝缘管有硬聚氯乙烯管、软聚氯乙烯管、有机玻璃管等。

（4）电工用塑料。电工用塑料一般是由合成树脂、填料和各种少量的添加剂等配制而成的粉状、粒状或纤维状的高分子材料，在一定的温度和压力下加工成各种规格、形状的电工设备绝缘零部件以及作为电线电缆绝缘和护层材料。电工塑料质轻，电气性能优良，有足够的硬度和机械强度，易于加工成型，因此在电气设备中得到广泛的应用。

电线电缆用热塑性塑料，多由聚乙烯和聚氯乙烯制成。

①聚乙烯（PE）。具有优异的电气性能，其相对介电系数和介质损耗几乎与频率无关，且结构稳定，耐潮耐寒，但长期工作温度应低于70℃。

②聚氯乙烯（PVC）。分绝缘级与护层级两种，其中绝缘级按耐温条件分别为65℃、80℃、90℃和105℃ 4种，护层级耐温为65℃。聚氯乙烯力学性能优异，电气性能良好，结构稳定，具有耐潮、耐电晕、不延燃、成本低、加工方便等优点，其绝缘耐压等级为10kV/mm。

第二节　建筑电工常用工具和仪表

一、建筑电工常用工具

1. 扳手

(1) 活络扳手。活络扳手又称活扳手，是一种旋紧或拧松有角螺钉或螺母的工具。电工常用的扳手有200 mm、250 mm、300 mm 3种，使用时应根据螺母的大小具体选配。

使用时，右手握住手柄。手越靠后，扳动起来越省力。扳动小螺母时，因需要不断地转动蜗轮，调节扳口的大小，所以手应握在靠近呆扳唇处，并用大拇指调节蜗轮，使之与螺母相匹配。

活络扳手的扳口夹持螺母时，要保证呆扳唇在上，活扳唇在下。注意：活络扳手不可反过来使用。

在扳动生锈的螺母时，可在螺母上滴几滴煤油或机油，这样方便拧动。

在无法拧动时，切不可使用钢管套在活络扳手的手柄上来增加扭力，这样极易损坏活络扳唇。不得把活络扳手当锤子用。

(2) 开口扳手。农村电工还经常用到开口扳手（也称呆扳手）。它有单头和双头两种，其开口是与螺钉头、螺母尺寸相匹配的，并根据标准尺寸做成一套。

(3) 整体扳手。整体扳手有正方形、六角形、十二角形（俗称梅花扳手）。其中，梅花扳手在农村电工中应用颇广，它只要转过 30°，就可改变扳动方向，使在狭窄的地方工作更为方便。

(4) 套筒扳手。套筒扳手由一套尺寸不等的梅花筒组成，使用时用弓形手柄连续转动，工作效率较高。当螺钉或螺母的尺寸较大或扳手的工作位置很狭窄时，就可以使用棘轮扳手。

这种扳手摆动的角度很小，能拧紧和松动螺钉或螺母。拧紧时，顺时针转动手柄。方形的套筒上装有一只撑杆，当手柄向反方向扳回时，撑杆在棘轮齿的斜面中滑出，因此螺钉或螺母不会反转。如果需要松开螺钉或螺母，只需翻转棘轮扳手向逆时针方向转动即可。

(5) 测力扳手。测力扳手有一根长的弹性杆，一端装有手柄，另一端装有方头或六角头，在方头或六角头套装一个可更换的套筒，并用钢珠卡住。在顶端还装有一个长指针。刻度板固定在柄座上，每格刻度值为 1 N（或 1 kg/m）。当要求一定数值的旋紧力，或几个螺母（或螺钉）需要相同的旋紧力时，则选用这种扳手。

2. 电工刀

(1) 用电工刀剥削电线绝缘层时，可把电工刀略微翘起一些，用刀刃的圆角抵住线芯。切忌把刀刃垂直对着导线切割绝缘层，这样容易割伤电线线芯。

(2) 导线接头之前应把导线上的绝缘层剥除。用电工刀切剥时，刀口切勿损伤芯线。

(3) 电工刀的刀刃部分要磨得锋利才容易剥削电线，但不可太锋利，太锋利容易削伤线芯，太钝则无法剥削绝缘层。磨刀刃一般采用磨刀石或油磨石，磨好后再把底部磨点倒角，即刃口略微圆一些。

（4）对双芯护套线的外层绝缘剥削时，可以用刀刃对准两芯线的中间位置，把导线一剖为二。

（5）圆木与木槽板或塑料槽板的吻接凹槽，可采用电工刀在施工现场切削，通常用左手托住圆木，右手持刀切削。

（6）用电工刀可以削制木榫、竹榫。

（7）多功能电工刀的锯片，可用来锯割木条、竹条，制作木榫、竹榫。

（8）多功能电工刀除了刀片外，还有锯片、螺钉旋具、扩孔锥等。

（9）在硬杂木上拧螺钉很费力时，可先用多功能电工刀上的锥子锥个洞，这时拧螺钉便省力多了。

（10）圆木上需要钻穿线孔时，可先用锥子钻出小孔，然后用扩孔锥将小孔扩大，以便较粗的电线穿过。

（11）电线、电缆的接头处常使用塑料或橡皮带等做加强绝缘，此处可用多功能电工刀的剪刀剪断。

（12）电工刀上的钢尺，可用来测量电器尺寸。

3. 钳子

（1）钳子用右手操作。将钳口朝内侧，便于控制钳切部位，用小指在两钳柄中间抵住钳柄、张开钳头，使操作灵活。

（2）电工常用的钢丝钳有 150 mm、175 mm、200 mm 及 250 mm等多种规格，可根据内线或外线工种的需要选购。钳子的齿口也可用来紧固或拧松螺母。

（3）钳子的刀口可用来剖切软电线的橡皮或塑料绝缘层。

（4）钳子的刀口也可用来切剪电线、钢丝。剪 8 号镀锌钢丝时，应用刀刃绕表面反复切割几次，然后只需轻轻一扳，钢丝即断。

(5) 钳子的铡口也可以用来切断电线、钢丝等较硬的金属线。

(6) 钳子的绝缘塑料管耐压 500 V 以上，可以带电剪切电线。使用中切忌乱放，以免损坏绝缘塑料管。

(7) 切勿把钳子当锤子使。不可以使用钳子剪切双股带电电线，会造成短路。用钳子缠绕抱箍固定接线时，钳子齿口夹住钢丝，以顺时针方向缠绕。

(8) 修口钳，俗称尖嘴钳，也是电工（尤其是内线电工）常用工具之一。它主要用于剪切线径较细的单股与多股线，以及给单股导线接头弯圈、剥塑料绝缘层等。

(9) 用尖嘴钳弯导线接头的操作方法如下：先将线头向左折，然后紧靠螺杆按顺时针方向右弯即可。

(10) 尖嘴钳稍加改制，可作为剥线尖嘴钳。方法如下：用电钻在尖嘴钳剪线用的刀刃前段钻直径为 0.8 mm、1.0 mm 两个槽孔，再分别用直径为 1.2 mm、1.4 mm 的钻头稍扩一下，使这两个槽孔有一个薄薄的刃口。这样，一个既能剪线又能剥线的尖嘴钳就改制成功了。

(11) 剥线钳为内线电工、电机修理、仪器仪表电工常用的工具之一，适用于塑料、橡胶绝缘电线、电缆芯线的剥皮。使用方法如下：将待剥皮的线头置于钳头的刃口中，用手将两钳柄捏合，然后松开，绝缘皮便与芯线分离。

二、建筑电工常用仪表

1. 电流表

测量电路电流的仪表，统称电流表。根据量程和计算单位的不同，电流表又分为微安表、毫安表、安培表、千安表等，表盘上分别标有 μA、mA、A、kA 等符号。电流表分为直流电流表和交流电流表，两者的接线方法都是与被测电路串联。

直流电流表接线前要分清电流表的极性。通常，直流电流表的接线柱旁边标有“+”和“−”两个符号，“+”接线柱接直流电路的正极，“－”接线柱接直流电路的负极。直流电流表的接线方法如图 3-1 所示。

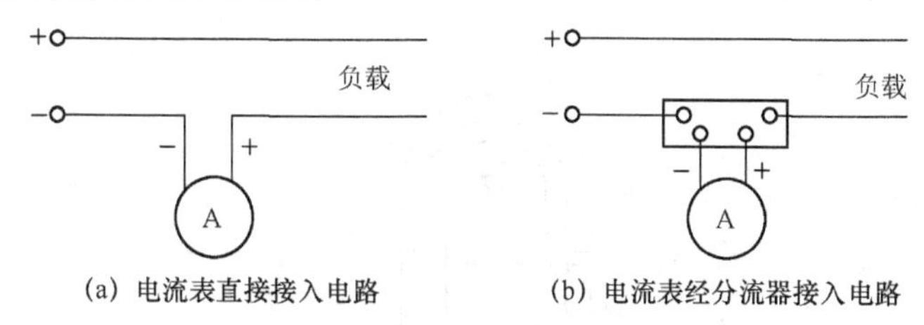

图 3-1　直流电流表的接线方法

交流电流表一般采用电磁式（磁电式）仪表，电磁式电流表采用电流互感器来扩大量程，其接线方法如图 3-2 所示。

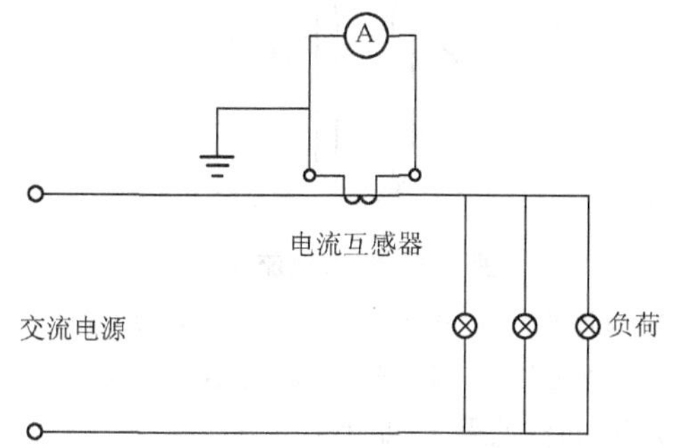

图 3-2　交流电流表经电流互感器扩大量程的接线方法

多量程电磁式电流表，通常将固定绕组分段，再利用各段绕组串联或并联来改变电流表的量程，如图 3-3 所示。

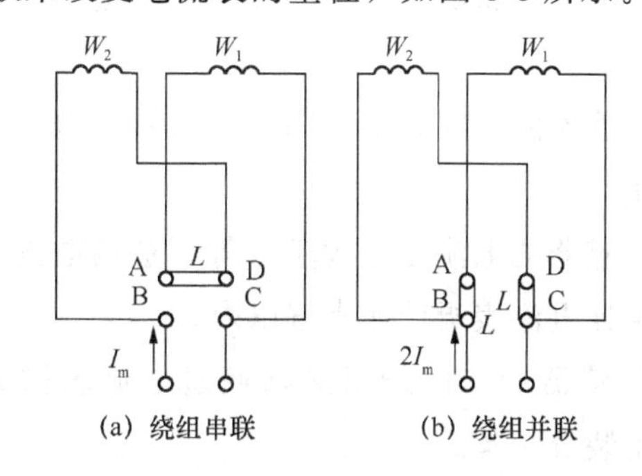

图 3-3　双量程电磁式电流表改变量程接线

钳形表主要用于在不断开线路的情况下直接测量线路电流。它有一个特殊结构，即一块可张开和闭合的活动铁心，如图3-4所示。

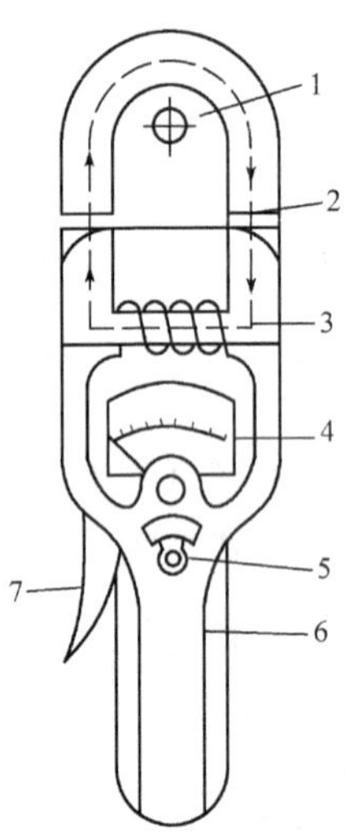

图3-4 钳形电流表

1—被测导线（一次绕组）；2—铁心；3—次绕组；
4—电流表；5—量程开关；6—手柄；7—扳手

电流表使用时的注意事项如下：

(1) 交流电流表应与被测电路或负载串联，严禁并联。如果将电流表并联入电路，由于电流表的内电阻很小，相当于将电路短接，电流表中流过短路电流，将导致电流表被烧毁并造成短路事故。

(2) 电流互感器的一次绕组应串联接入被测电路中，二次绕组与电流表串接。

(3) 电流互感器的电流比应大于或等于被测电流与电流表满偏值之比，以保证电流表指针在满偏以内。

(4) 电流互感器的二次绕组必须通过电流表构成回路并接地，二次侧不得装设熔丝。

2. 电压表

测量电路电压的仪表统称电压表，也称伏特表，表盘上标有符号“V”。电压表分为直流电压表和交流电压表，两者的接线方法都是与被测电路并联。

测量直流电路电压的仪表称为直流电压表，在直流电压表的接线柱旁边通常也标有“+”和“−”两个符号，“+”接线柱（正端）与被测量电压的高电位连接，“−”接线柱（负端）与被测量电压的低电位连接，如图 3-5 所示。正负极不可接错，否则，指针就会反转而打弯。

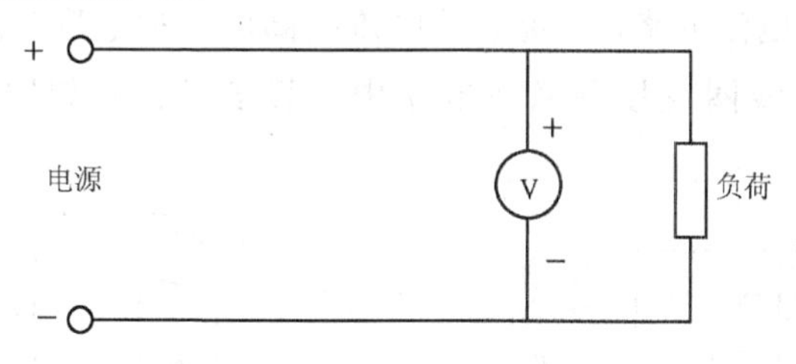

图 3-5　直流电压表直接测量接线

交流电压表的接线方式可分为低压直接接入测量和高压经电压互感器后在二次侧间接测量两种方式。低压直接接入式一般用在 380 V 或 220 V 电路中。在测量高压交流电压时，为了保障人身安全和设备安全，通常要采用电压互感器（图 3-6），将高电压按固定比率变换为较低的电压（通常在 100 V 左右）进行测量。交流电压表测量时，与直流电压表一样，也是并联接入电路，而且只能用于测量交流电路电压。当将电压表串联接入电路时，则由于电压表的内阻很大，几乎将电路切断，从而使电路无法正常工作。所以在使用电压表时，切忌与被测电路串联。

借助电压互感器测量交流电压的连接电路如图 3-6 所示。

3. 电能表

（1）单相电能表。对低电压（380 V/220 V 及以下）小电流

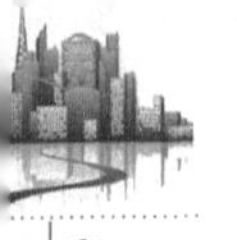

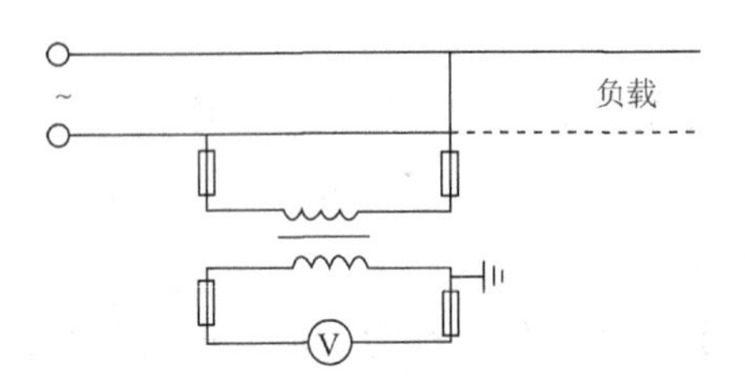

图 3-6　借助电压互感器测量交流电压的连接电路

电路，单相电能表可按如图 3-7（a）所示的方法直接接入电路，即单相电能表的端钮 1 和 3 与电源连接，端钮 2 和 4 与负载连接。对低电压大电流电路，电能表的电流线圈应经过电流互感器接入电路，电压线圈直接并联在电路中，其接线方法如图 3-7（b）所示。

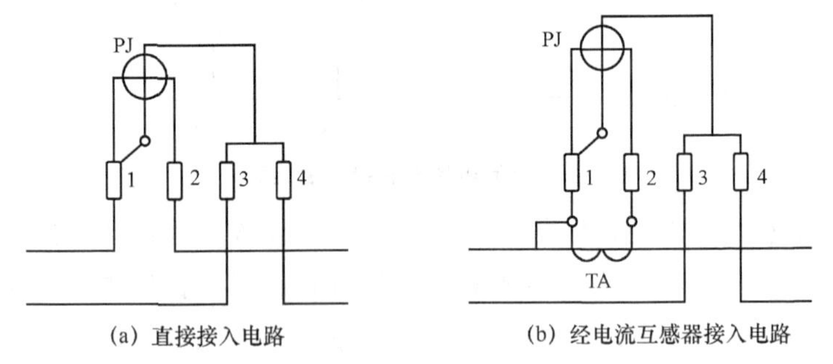

(a) 直接接入电路　　(b) 经电流互感器接入电路

图 3-7　单相电能表的接线

单相电能表的使用注意事项如下：

①电能表总线必须采用铜芯塑料硬线，其最小截面面积不得小于 1.5 m^2，中间不允许有接头。

②电能表总线宜采用明线敷设，长度不宜超过 10 m。若采用线管敷设时，线管也应明敷，进入电能表时，一般以“左进右出”为接线原则。

③选择电能表时，要使电能表铭牌上的额定电压和额定电流值等于或略大于电路的电压和电流值。

④不允许将电能表安装在负载经常低于额定负载的 10%以下

的电路中。

⑤安装场所应干燥、避振，便于安装、试验和抄表。

⑥电能表箱暗装时，底口距地面不应低于 1.4 m，明装时不低于 1.8 m，特殊情况不低于 1.2 m，装于成套配电箱时不低于 0.7 m。

⑦电能表应垂直安装，倾斜角度不大于 1°，若角度偏大，将会加大计量误差。

⑧接线时，相线应接电流线圈首端，零线应一进一出，相线、零线不得接反，否则会造成漏计量，且不安全。

⑨开关、熔断器应接于负载侧。

（2）三相电能表。

①三相四线电能表的接线如图 3-8 所示。

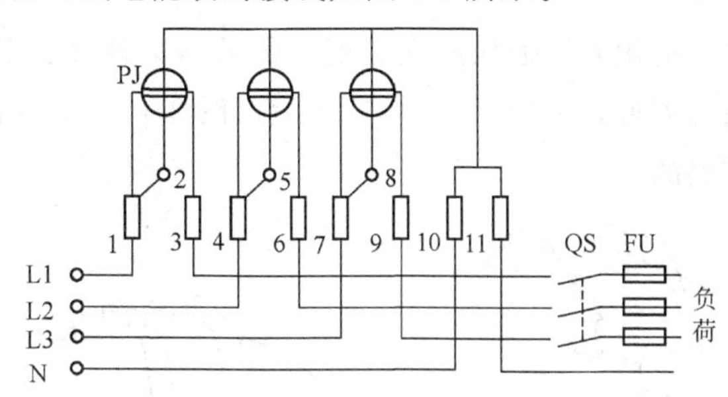

图 3-8　三相四线电能表的接线

②三相三线制电路有功电能的测量。在三相三线制电路中测量有功电能，通常采用三相三元件电能表（即 DS 型电能表），其接线方法如图 3-9 所示。

③接线要求。应根据负载电流合理选用电能表，电能表的额定电流应等于或略大于负载电流。

应根据负载电流合理选用电能表，电能表的额定电流应等于或略大于负载电流。按额定电流选择连接导线的截面面积，常采用绝缘铜线，最小截面面积不小于 2.5 mm^2，一般截面面积大小为6 mm^2 及以下时应选单股线。接线时应按正相序入表，即 L1-L2-L3、L2-13-L1 或 13-L1-12。三相四线表，零线必须入表。

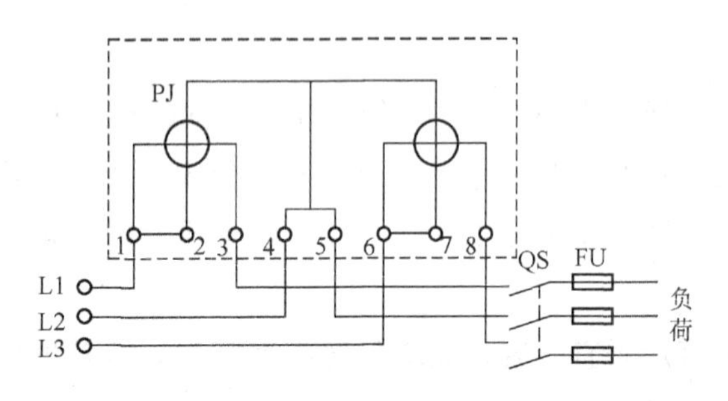

图 3-9　三相三线制电路有功电能测量的接线方式

相线、中性线不能接反。直接接入式电能表必须连接牢固。开关熔断器应接负载侧。电能表金属外壳接地或接中性线。

4. 万用表

每次测量前，都要对万用表进行一次全面检查，以核实表头各部分的位置是否正确。

测量时，应用右手握住两支表笔，手指不要触及表笔的金属部分和被测元器件，如图 3-10（a）所示，图 3-10（b）所示的握笔方法是错误的。

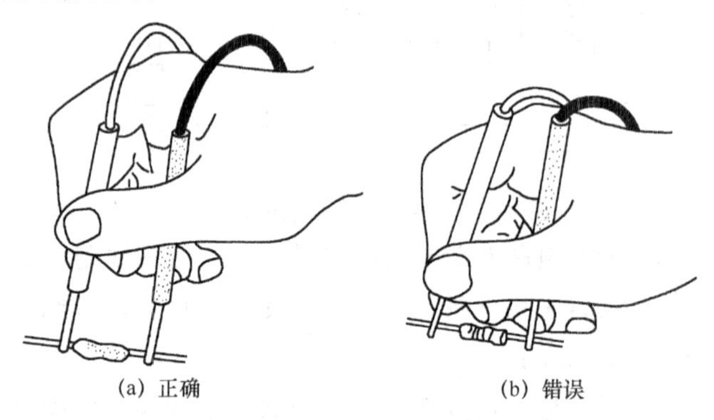

(a) 正确　　(b) 错误

图 3-10　万用表表笔的握法

测量过程中不可转动转换开关，以免转换开关的触头产生电弧而损坏开关和表头。

使用 R×1 挡时，调零的时间应尽量缩短，以延长电池的使用寿命。

万用表使用后，应将转换开关旋至空挡或交流电压最大量程挡。

使用万用表应注意以下事项：

(1) 转换开关一定要放在需测量挡的相应位置，不能搞错，以免烧坏仪表。

(2) 根据被测量项目，正确接好万用表。

(3) 选择量程时，应由大到小，选取适当位置。测量电压、电流时，最好使指针指在标度尺1/2～2/3以上的地方，测量电阻时，最好选择在刻度不密集的地方和中心点。转换量程时，应将万用表从电路上取下，再转动转换开关。

(4) 测量电阻时，应切断被测电路的电源。

(5) 测量直流电流、直流电压时，应将红色表棒插在红色或标有“＋”的插孔内，另一端接被测对象的正极；黑色表棒插在黑色或标有“－”的插孔内，另一端接被测对象的负极。

(6) 万用表不使用时，应将转换开关拨到交流电压最高量限挡或关闭挡。

5. 绝缘电阻表

测量前，应切断被测设备的电源，并进行充分放电(2～3 min)，以确保人身和设备安全。

擦拭被测设备的表面，使其保持清洁、干燥，以减小测量误差。

将绝缘电阻表平稳放置，并远离带电导体和磁场，以免影响测量的准确度。

对有可能感应出高电压的设备，应采取必要的措施。

对绝缘电阻表进行一次开路和短路试验，以检查绝缘电阻表是否完好。试验时，先将绝缘电阻表“线路 (L)”“接地 (E)”两端钮开路，摇动手柄，指针应指在“∞”位置，再将两端钮短接，缓慢摇动手柄，指针应指在“0”处。否则，表明绝缘电阻表存在故障，应进行检修。

绝缘电阻表接线柱与被测设备之间的连接导线，不可使用双

股绝缘线、平行线或绞线，而应选用绝缘良好的单股铜线，并且两条测量导线要分开连接，以免因导线绝缘不良而引起测量误差。

绝缘电阻表在测量时，还必须注意绝缘电阻表上“L 端子”应接电气设备的带电体一端，而“E 端子”应接设备外壳或接地。在测量电缆的绝缘电阻时，除把绝缘电阻表接地端接入电气设备接地、另一端接线路外，还需将电缆芯之间的内层绝缘物接保护环，以消除因表面漏电而引起的读数误差。

测量电容器的绝缘电阻时应注意，电容器的击穿电压必须大于绝缘电阻表发电机发出的额定电压。测试电容后，应先取下绝缘电阻表表线再停止摇动手柄，以免已充电的电容向绝缘电阻表放电而损坏仪表。

使用绝缘电阻表时，要保持一定的转速，一般为120 r/min，容许变动±20%，在 1 min 后取一稳定读数。测量时，不要用手触摸被测物及绝缘电阻表接线柱，以防触电。

测量时，所选用绝缘电阻表的型号、电压值以及当时的天气、温度、湿度和测得的绝缘电阻值，都应一一记录下来，并据此判断被测设备的绝缘性能是否良好。

6. 电子式绝缘电阻表

(1) 使用前的准备工作。

①测量前必须将被测设备电源切断，并对地短路放电，绝不允许设备带电进行测量，以保证人身和设备的安全。

②对可能感应高压电的设备，必须消除这种可能性，才能进行测量。

③被测物表面要清洁，减少接触电阻，确保测量结果的准确性。

④测量前要检查电子式绝缘电阻表是否处于正常工作状态，主要检查其“0”和“∞”两点，即摇动手柄，使发电机达到额定转速，数字绝缘电阻表在短路时应指在“0”的位置，开路时

应指在“∞”位置。

⑤电子式绝缘电阻表使用时应放在平稳、牢固的地方，且远离大的外电流导体和外磁场。

（2）使用方法。电子式绝缘表的接线柱共有3个：一个“L”（即线端），一个“E”（即地端），一个“G”（即屏蔽端，也叫保护环），一般被测绝缘电阻都接在“L”“E”端之间，但当被测绝缘体表面漏电严重时，必须将被测物的屏蔽环或不需测量的部分与“G”端相连接。这样漏电流就经由屏蔽端“G”直接流回发电机的负端形成回路，而不在流过数字绝缘电阻表的测量机构（动圈），从根本上消除了表面漏电流的影响，特别应该注意的是测量电缆线芯和外表之间的绝缘电阻时，一定要接好屏蔽端钮“G”，因为当空气湿度大或电缆绝缘表面又不清洁时，它的表面的漏电流将很大。为防止被测物因漏电而对其内部绝缘测量所造成的影响，一般在电缆外表加一个金属屏蔽环，与电子式绝缘电阻表的“G”端相连。

用电子式绝缘电阻表测量电器设备的绝缘电阻时，一定要注意“L”和“E”端不能接反，正确的接法是将“L”线端钮接被测设备导体，“E”地端钮接地的设备外壳，“G”屏蔽端接被测设备的绝缘部分。如果将“L”和“E”端接反了，流过绝缘体内及表面的漏电流经外壳汇集到地，由地终“L”端流进测量线圈，使“G”端失去屏蔽作用而给测量带来很大误差。另外，因为“E”端内部引线同外壳的绝缘程度比“L”端与外壳的绝缘程度要低，当电子式绝缘电阻表放在地上使用时，采用正确接线方式时，“E”端对仪表外壳和外壳对地的绝缘电阻，相当于短路，不会造成误差，而当“L”与“E”端接反时，“E”端对地的绝缘电阻同被测绝缘电阻并联，而使测量结果偏小，给测量带来较大误差。

第四章

建筑电工基础

第一节　电工常用名词术语及其含义

一、电

电是一种物理现象。现代科学认为，构成实物的许多基本粒子都带有一定的电，有的带“正电”，有的带“负电”。在正常情况下，同一个原子中正负电量相等，因此整个物体被认为是不带电的或中性的。当它们由于某种原因（如摩擦、受热、化学变化等）失去一部分电子时，就带正电；获得额外电子时，就带负电。

二、电荷

通常将带电体本身简称为“电荷”，如运动电荷、自由电荷等。有时将“电荷”看作一种物理量，指“电荷量”，此时是对物体电荷多少的量度。

三、电场

电场是指传递电荷与电荷间相互作用的物理场。电荷周围存在着电场，同时，电场对其场中其他电荷又有力的作用。静止电荷周围的电场，称为“静电场”。运动电荷周围除了存在电场外，还存在着磁场。实际上，电场与磁场是相互依存、相互统一的，它们是电磁场的两个方面。

四、磁

磁是某些物质能吸引铁、钴、镍等物质的属性。磁与电有着不可分割的联系，磁性来源于电流或实物内部电荷的运动。

五、磁场

磁场是指传递运动电荷或电流之间相互作用的物理场。磁场由运动电荷或电流产生，同时对其他运动电荷或电流又有力的作用。运动电荷或电流之间的相互作用是通过磁场和电场来传递的。磁场是电磁场的一个方面。

六、电磁场

电磁场是相互依存的电场和磁场的总称。电场随时间变化时产生磁场，磁场随时间变化时又产生电场，两者互为因果，形成电磁场。场强随时间变化的电磁场，称为“时变电磁场”，它又可分为交变电磁场和瞬变电磁场。变化的电场可能是由变速运动的带电粒子产生，而变化的磁场可能是由强弱变化的电流产生。某处的电场或磁场发生变化时，不论什么原因，这种变化并不局限在一处，而是以光速向四周传播，形成“电磁波”。电磁场是物质存在的形式之一，具有质量、动量和能量。

七、电场强度

电场强度是表征电场强弱和方向的物理量。电场内某点的电场方向可用试验电荷（微小正电荷，其电量不影响原电场的分布）在该点所受电场力的方向来确定；而电场强弱即电场强度的大小，可用电场力与试验电荷的比值来确定。

八、电位

电位（电势）是描述电场能量特性的物理量。静电场中某点的电位，等于单位正电荷在该点所具有的位能。理论上，常将“无穷远”处作为电位零点。在电工中，则常取地球表面（所谓“大地”）作为电位零点，即“零电位”点。因此，某点的电位在数值上也等于单位正电荷从该点移动到无穷远（或“大地”）时电场力对它做的功。

九、电压

电压是指电路或电场中两点间的电位差（电势差）。在交流电路中，电压有瞬时值、平均值和有效值之分。交流电压的有效值通常简称为“电压”，例如，工厂高压配电电压 10 kV、低压配电电压 380 V 等，均为电压有效值。

十、电流

电流是指电荷的流动。根据电流形成的原因不同，可将电流分为传导电流、对流电流和位移电流。电流方向与电子运动的方向相反。

电流也可作为物理量“电流强度”的简称，是指单位时间内通过导体横截面的电荷量。

十一、电源

电源是将其他形式能量转变为电能的装置，如发电机、电池等。发电机将机械能转变为电能，干电池和蓄电池将化学能转变为电能，光电池将光能转变为电能等。

在电子设备中，有时也将变换电能形式的装置作为电源，如整流器等。

十二、电动势

电动势是指电路中因其他形式能量转变为电能所引起的电位差（电势差），其数值等于单位正电荷在外力（如化学力、电磁力等）的作用下，由电源负极移至电源正极所做的功。

十三、电阻

电阻是表征物质阻碍电流通过能力的一个物理量。形状和体积都相同的不同物体，电阻的差别很大。金属的电阻最小（但阻值随着温度的升高而增大），绝缘体的电阻最大。半导体的电阻介于金属导体与绝缘体之间，并随着温度的升高而显著减小。在电路中，一定电压下，电阻是决定电流大小的物理量。

十四、电阻率

电阻率是表征物质导电性能的一个物理量。电阻率越小，导电性能越好。

十五、电导

电导是表征导体导电性能的一个物理量，是电阻的倒数。导体的电阻越小，其电导越大。

十六、电导率

电导率是表征物质导电性能的一个物理量，又称“导电率”，是电阻率的倒数。

十七、磁场强度

磁场强度是表征磁场方向和强弱的另一个物理量。它是矢量，符号为 H。磁场强度与产生磁场的电流强度成正比，而与磁介质无关。H 与磁感应强度 B 具有下列关系

$$H=B/\mu$$

式中，μ 为磁介质的磁导率；H 的单位为安（培）每米（A/m）。

十八、电路

电路是指电流可在其中流通的器件或媒质的组合。作为“电路”的整体，也可称为“网络”（“电气网络”的简称）或“系统”（“电气系统”的简称）。

十九、线性电路

线性电路是指由线性元件组成的电路。线性元件是指端电压与通过电流呈线性关系（正比关系）的电路元件。

二十、非线性电路

非线性电路是指含有非线性元件的电路。非线性元件是指端电压与通过电流呈非线性关系（不成正比关系）的电路元件。

二十一、单相电路

单相电路是指由单一交流电压（单相电源）供电的电路，或

称“单相系统”。

二十二、三相电路

三相电路是指由三相对称的交流电压（三相电源）供电的电路，或称“三相系统”。如果电路由 m 相电压电源供电，则称为“m 相电路”或“m 相系统”，统称“多相系统”。

二十三、电磁波

电磁波是指在空间传播的交变电磁场。它在真空中的传播速度约为 3×10^{8} m/s（光速）。无线电波、红外线、可见光、紫外线、X 射线、γ 射线等都是电磁波，但它们的波长或频率各不相同，特性和功能也有很大差异。如按波长或频率排列，则构成了电磁波谱。

电磁波有时也仅指用无线发射或接收的无线电波，而红外线、可见光等电磁波则统称为“光波”。

第二节　电工图基本知识

一、电气图

电气图是各类电气工程技术人员进行沟通、交流的共同语言。在设计、安装、调试和维修管理电气设备时，通过识图，可以了解各电气元器件之间的相互关系以及电路工作原理，为正确安装、调试、维修及管理提供可靠的保证。电气图的基本内容包括：首页、电气系统图、电气原理图、平面图、设备布置图、安装接线图以及大样图。

1. 首页

其内容包括电气工程图的目录、图例、设备明细表、设计说明等。图例一般只列了本套施工图涉及的一些特殊图例。设备明细表只列出该项电气工程的一些主要设备的名称、型号、规格和数量等，供订货参考。设计说明主要阐述该项电气工程设计的依据、基本指导思想与原则，补充施工图中未能表明的工程特点、安装方法、工艺要求、特殊设备的安装方法及其他使用注意事项等。电气图首页的阅读，在于掌握领会该项工程的全貌，应认真仔细阅读。

2. 电气系统图

表现整个工程的供电方案与供电方式，它比较集中地反映了电气工程的规模。

3. 电气原理图

表现某一具体设备或系统的电气工作原理，用以指导该设备与系统的安装、接线、调试、使用与维护。电气原理图是电气工程图的重要组成部分，是读图中的重点和难点。

4. 平面图

表现该项工程各种电气设备与线路平面布置的总图，是进行电气安装施工的重要依据。平面图包括外电总平面图和各系统平面图。外电总平面图是以建筑专业绘制的总平面图为基础，绘出变电所、架空线路、地下电力电缆等的具体位置并注明有关施工方法等内容。在有些总平面图中，还注明了建筑物的面积、电气负荷分类、电气设备容量等。

5. 设备布置图

表现各种电气设备平面与空间的位置、安装方式及其相互关系的图样。通常由平面图、立面图、断面图、剖面图及各种结构件详图等组成。这种图一般都是按三面视图的原理绘制，与一般的机械工程图没有原则性的区别。

6. 安装接线图

安装接线图是表现某一设备内部的各种电气元件之间连线的图样，用以指导电气安装接线、查线，它是与电气原理图相互对照的一种图样。

7. 大样图

大样图是表现电气工程中某一部分或某一部件的具体安装要

求和做法的图样，其中有一部分选自施工标准图集。

二、电气符号

文字符号。电气技术文字符号分基本文字符号和辅助文字符号两类。

基本文字符号主要表示电气设备、装置和元器件的种类名称，分为单字母符号和双字母符号，见表 4-1 和表 4-2。

表 4-1 单字母符号

字母符号	种类	举例
A	组件 部件	分立元件放大器、磁放大器、激光器、微波发射器、印制电路板、调节器、集成电路放大器，本表其他地方未提及的组件、部件
B	变换器（从非电量到电量或相反）	热电传感器、热电池、光电池、测功计、晶体换能器、送话器、拾音器、扬声器、耳机、自整角机、旋转变压器、测速发电机，速度、压力、温度变换器
C	电容器	——
D	二进制单元、延迟器件、存储器件、门电路	数字集成电路和器件、延迟线、双稳态元件、单稳态元件、磁心存储器、寄存器、磁带记录机、盘式记录机 与门、或门与非门
E	杂项	光器件、热器件、本表其他地方未提及的元件
F	保护器件	熔断器、避雷器、过电压放电器件
G	发电机电源	旋转发电机、旋转变频机、电池、振荡器、石英晶体振荡器
H	信号器件	光指示器、声响指示器、指示灯
K	继电器、接触器	——
L	电感器、电抗器	感应线圈、线路陷波器电抗器（并联和串联）
M	电动机	——
N	模拟集成电路	运算放大器、模拟/数字混合器件
P	测量设备试验设备	指示、记录、积算、测量设备信号发生器、时钟
Q	电力电路的开关	断路器、隔离开关

（续表）

字母符号	种类	举例
R	电阻器	电位器、变阻器、可变电阻器、热敏电阻、测量分流器
S	控制电路的开关	控制开关、按钮、选择开关、限制开关
T	变压器	电压互感器、电流互感器
U	调制器、变换器	鉴频器、解调器、变频器、编码器、逆变器、变流器、电报译码器
V	电真空器件、半导体器件	电子管、气体放电管、晶体管、晶闸管、二极管
W	绕组、传输通道、波导、天线	励磁绕组、转子绕组、导线、电缆、母线、偶极天线、抛物面天线
X	端子、插头、插座	插头和插座、端子板、连接片、电缆封端和接头测试插孔
Y	电气操作的机械装置	制动器、离合器、气阀
Z	终端设备、滤波器、均衡器、限幅器	电缆平衡网络、压缩扩展器、晶体滤波器、网络

表 4-2　双字母符号

类别	名称	符号
A	电桥 晶体管放大器 集成电路放大器 磁放大器 电子管放大器 印制电路板	AB AD AJ AM AV AP
B	压力变换器 位置变换器 旋转变换器（测速发电机） 温度变换器 速度变换器	BP BQ BR BT BV

（续表）

类别	名称	符号
E	发热器件 照明灯 空气调节器	EH EL EV
F	具有瞬时动作的限流保护器件 具有延时动作的限流保护器件 具有瞬时和延时动作的限流保护器件 熔断器 限压保护器件	FA FR FS FU FV
G	同步发电机、发生器 异步发电机 蓄电池 变频机	GS GA GB GF
H	声响指示器 光指示器 指示灯	HA HL HL
K	瞬时接触继电器 交流继电器 闭锁接触继电器 双稳态继电器 接触器 极化继电器 延时继电器 热继电器	KA KA KL KL KM KP KJ KR
L	限流电抗器 起动电抗器 滤波电抗器	LC LS LF
M	同步电动机 调速电动机 笼型电动机	MS MA MC

（续表）

类别	名称	符号
P	电流表 （脉冲）计数器 电能表 记录仪器 电压表 时钟、操作时间表	PA PC PJ PS PV PT
Q	断路器 电动机保护开关 隔离开关	QF QM QS
R	电位器 测量分路表 热敏电阻器 压敏电阻器	PR PS PT RV
S	控制开关 选择开关 按钮 压力传感器 位置传感器 转数传感器 温度传感器	SA SA SB SP SQ SR ST
T	电流互感器 电力变压器 磁稳压器 电压互感器	TA TM TS TV
V	电子管 控制电路用电源的整流器	VE VC
X	连接片 测试插孔 插头 插座 端子板	XB XJ XP XS XT

（续表）

类别	名称	符号
Y	电磁板 电磁制动器 电磁离合器 电磁吸盘 电动阀 电磁阀	YA YB YC YH YM YV

电气设备、装置和元件的种类名称用基本文字符号表示，而它们的功能、状态和特征用辅助文字符号表示，辅助文字符号基本上是英文词语的缩写，电气工程常用的辅助文字符号见表 4-3。

表 4-3　电气工程常用辅助文字符号

序号	文字符号	名称
1	A	电流
2	A	模拟
3	AC	交流
4	A AUT	自动
5	ACC	加速
6	ADD	附加
7	ADJ	可调
8	AUX	辅助
9	ASY	异步
10	B BRK	制动
11	BK	黑
12	BL	蓝
13	BW	向后
14	C	控制
15	CW	顺时针

（续表）

序号	文字符号	名称
16	CCW	逆时针
17	D	延时（延迟）
18	D	差动
19	D	数字
20	D	降
21	DC	直流
22	DEC	减
23	E	接地
24	EM	紧急
25	F	快速
26	FB	反馈
27	FW	正，向前
28	GN	绿
29	H	高
30	IN	输入
31	INC	增
32	IND	感应
33	L	左
34	L	限制
35	L	低
36	LA	闭锁
37	M	主
38	M	中
39	M	中间线
40	M MAN	手动
41	N	中性线

（续表）

序号	文字符号	名称
42	OFF	断开
43	ON	闭合
44	OUT	输出
45	P	压力
46	P	保护
47	PE	保护接地
48	PEN	保护接地与中性线共用
49	PU	不接地保护
50	R	记录
51	R	右
52	R	反
53	RD	红
54	R RST	复位
55	RES	备用
56	RUN	运转
57	S	信号
58	ST	启动
59	S SET	置位、定位
60	SAT	饱和
61	STE	步进
62	STP	停止
63	SYN	同步
64	T	温度
65	T	时间
66	TE	无噪声（防干扰）接地

（续表）

序号	文字符号	名称
67	V	真空
68	V	速度
69	V	电压
70	WH	白
71	YE	黄

三、图形符号

图形符号是构成电气图的基本单元，常见的电光源种类、灯具、安装方式、导线敷设方式和部位的代号见表 4-4 至表 4-8。

表 4-4　电光源种类的代号

序号	电光源类型	代号	
		新标准规定	原有规定
1	氖灯	Ne	—
2	氙灯	Xe	—
3	钠灯	Na	N
4	汞灯	Hg	G
5	碘钨灯	I	L
6	白炽灯	IN	B
7	电发光灯	EL	—
8	弧光灯	ARC	—
9	荧光灯	FL	Y
10	红外线灯	IR	—
11	紫外线灯	UV	—
12	发光二极管	LED	—

表 4-5 常用灯具类型的符号

灯具名称	符号	灯具名称	符号
普通吊灯	P	工厂一般灯具	G
壁灯	B	荧光灯灯具	Y
花灯	H	防爆灯	G 或专用代号
吸顶灯	D	水晶底罩灯	J
柱灯	Z	防水防尘灯	F
卤钨探照灯	L	搪瓷伞罩灯	S
投光灯	T	无磨砂玻璃罩万能型灯	Ww

表 4-6 安装方式的符号

安装方式	符号	安装方式	符号
自在器线吊式	X	弯式	W
固定线吊式	X_1	台上安装式	T
防水线吊式	X_2	吸顶嵌入式	DR
人字线吊式	X_3	墙壁嵌入式	BR
链吊式	L	支架安装式	J
管吊式	G	柱上安装式	Z
壁装式	B	座装式	ZH
吸顶式	D	—	—

表 4-7 导线敷设方式的标注新旧符号对照表

序号	名称	旧代号	新代号
1	导线或电缆穿焊接钢管敷设	G	SC
2	穿电线管敷设	DG	TC
3	穿硬聚氯乙烯管敷设	VG	PC
4	穿阻燃半硬聚氯乙烯管敷设	ZVG	FPC
5	用绝缘子（瓷瓶或瓷柱）敷设	CP	K
6	用塑料线槽敷设	XC	PR
7	用钢线槽敷设	CC	SR

（续表）

序号	名称	旧代号	新代号
8	用电缆桥架敷设	—	CT
9	用瓷夹板敷设	CJ	PL
10	用塑料夹敷设	VJ	PCL
11	穿蛇皮管敷设	SPG	CP
12	穿阻燃塑料管敷设	—	PVC

表 4-8　导线敷设部位的标注新旧符号对照表

序号	名称	旧符号	新符号
1	沿钢索敷设	S	SR
2	沿屋架或跨屋架敷设	LM	BE
3	沿柱或跨柱敷设	ZM	CLE
4	沿墙面敷设	QM	WE
5	沿顶棚面或顶板面敷设	PM	CE
6	在能进入的吊顶内敷设	PNM	ACE
7	暗敷设在梁内	LA	BC
8	暗敷设在柱内	ZA	CLC
9	暗敷设在墙内	QA	WC
10	暗敷设在地面或地板内	DA	FC
11	暗敷设在屋面或顶板内	PA	CC
12	暗敷设在不能进入的吊顶内	PNA	ACC

四、电气安装施工图的识读

1. 阅读说明书

对任何一个系统、装置或设备，在看图之前应首先了解它们的机械结构、电气传动方式、对电气控制的要求、电动机和电器元件的大体布置情况设备的使用操作方法以及各种按钮、开关、指示器等的作用。此外还应了解使用要求、安全注意事项等，对系统、装置或设备有一个较全面的认识。

2. 看图纸说明

图纸说明包括图纸目录、技术说明、元器件明细表和施工说明书等。识图时，首先要看清楚图纸说明书中的各项内容，搞清设计内容和施工要求，这样就可以了解图纸的大体情况和抓住识图重点。

3. 看标题栏

图纸中标题栏也是重要的组成部分，它说明电气图的名称及图号等有关内容，由此可对电气图的类型、性质、作用等有明确认识，同时可大致了解电气图的内容。

4. 分析电源进线方式及导线规格、型号

5. 仔细阅读电气平面图，了解和掌握电气设备的布置、线路编号、走向、导线规格、数量及敷设方法

6. 对照平面图，查看系统图，分析线路的连接关系，明确配电箱的位置、相互关系及箱内电气设备的安装情况

第五章 建筑电工操作技术

第一节 电气设备

一、变压器、箱式变电所安装

1. 安装要求

（1）变压器、箱式变电所的容量、规格及型号必须符合设计要求。附件、备件齐全，油浸变压器油位正常，无渗油现象，有出厂合格证及技术数据文件。

（2）变压器本体外观检查无损伤及变形，油漆完好无损伤。箱式变电所内外涂层完整、无损伤，有通风口的风口防护网完好。

（3）干式变压器温度计及温控仪表安装正确，指示值正常，整定值符合要求。油式变压器的气体继电器安装方向应正确，打气试验接点动作要正确。

（4）高压套管及硬母线相色漆应正确，套管瓷件应完好、清洁，接地小套管应接地。变压器接地应良好，接地电阻应合格。避雷器、跌落开关等附属设备安装应正确。高低压熔断器的位置安装应正确，熔丝符合要求。

（5）变压器控制系统二次回路的接线应正确，经试操作情况良好。保护按整定值整定。变压器引出线连接应良好，相位、相序符合要求。

（6）变压器基础的轨道应水平，轨距与轮距应配合，装有气体继电器的变压器顶盖，沿气体继电器的气流方向有1.0％～1.5％的升高坡度。

（7）变压器线圈对低压线圈之间的绝缘电阻和高压线对地的绝缘电阻均不得小于 100 MΩ（用 2 500 V 摇表测）。低压线圈对地绝缘电阻和穿心螺杆对地绝缘电阻均不得小于 500 MΩ（用 1 000 V 摇表测）。

（8）用交流变频耐压仪对变压器进行工频耐压试验；耐压试验应合格且变压器没有遗留任何异物。

（9）变压器室、网门和遮拦，以及可攀登接近带电设备的设施，标有符合规定的设备名称和安全警告标志。

（10）变压器、箱式变电所在试运行前，应进行全面检查，确认其符合运行条件时，方可投入试运行。

2. 变压器安装

（1）基础验收。变压器就位前，要先对基础进行验收，基础的中心与标高应符合设计要求，轨距与轮距应互相吻合，具体要求如下：

轨道水平误差不应超过 5 mm。

实际轨距不应小于设计轨距，误差不应超过 5 mm。

轨面对设计标高的误差不应超过 5 mm。

按鲁 SN-027 设备基础复验记录，做好验收记录。

（2）设备开箱检查。设备开箱检查应由施工单位、供货方会同监理单位、建设单位代表共同进行，并做好开箱检查记录。

开箱后，按照设备清单、施工图纸及设备技术文件核对变压器规格型号，应与设计相符，附件与备件齐全无损坏。

（3）变压器外观检查无机械损伤及变形，油漆完好，无锈蚀。

（4）油箱密封应良好，带油运输的变压器，油枕油位应正常，油液应无渗漏。

（5）绝缘瓷件及环氧树脂铸件无损伤、缺陷及裂纹。

（6）油箱箱盖或钟罩法兰及封板的连接螺栓应齐全，坚固良好，无渗漏，浸入油中运输的变压器附件，其油箱应无渗漏。

（7）充气运输的变压器器身应保持正压，其压力值应为0.01～0.03 MPa。

（8）装有冲击记录的仪器设备，应检查记录设备在运输和装卸中的受冲击情况。

（9）干式变压器包装及防潮设施完好，无雨水浸入痕迹。

（10）产品的铭牌参数、外形尺寸、外形结构、质量、引线方向等，符合合同要求和国家现行有关标准的规定。

（11）产品说明书、检验合格证、出厂试验报告、装箱清单等随机文件齐全。

3. 设备二次搬运

（1）变压器二次搬运应由起重工作业，电工配合，搬运时最好采用汽车吊和汽车，如距离较短时，且道路较平坦时可采用倒链吊装、卷扬机拖运、滚杠运输等。变压器质量参见表5-1。

表 5-1 变压器及箱式变电所参考质量

型式	序号	容量/kV·A	质量/t
树脂浇铸干式变压器	1	100～200	0.71～0.92
	2	250～500	1.16～1.90
	3	630～1 000	2.08～2.73
	4	1 250～1 600	3.39～4.22
	5	2 000～2 500	5.14～6.30
油浸式电力变压器	1	100～180	0.6～1.0
	2	200～420	1.0～1.8
	3	50～630	2.0～2.8
	4	750～800	3.0～3.8
	5	1 000～1 250	3.5～4.6
	6	1 600～1 800	5.2～6.1

（2）变压器吊装时，索具必须检查合格，钢丝绳必须挂在油箱的吊钩上，变压器顶盖上盘的吊环仅作吊芯检查用，严禁用此吊环吊装整台变压器。

（3）变压器搬运时，用木箱或纸箱将高低压绝缘瓷瓶罩住进行保护，使其不受损伤。

（4）变压器搬运过程中，不应有严重冲击或震动情况，利用机械牵引时，牵引的着力点应在变压器重心以下，以防倾斜，运输倾斜角不得超过 15°，防止内部结构变形。

（5）用千斤顶顶升大型变压器时，应将千斤顶放置在油箱千斤顶支架部位，升降操作应协调，各点受力均匀，并及时垫好垫块。

（6）大型变压器在搬运或装卸前，应核对高低压侧方向，以免安装时调换方向发生困难。

4. 器身检查

变压器到达现场后，应按产品技术文件要求进行器身检查。

（1）当满足下列条件之一时，可不必进行器身检查。

①制造厂规定可不做器身检查者。

②就地生产仅作短途运输的变压器，且在运输过程中进行了有效的监督，无紧急制动、剧烈振动、冲撞或严重颠簸等异常情况者。

③容量在 1 000 kV·A 及其以下且运输过程中无异常情况的。

（2）器身检查应具备的条件。

①为减少器身暴露在空气中增加器身受潮的机会，在做器身检查时，要选择无风晴朗的天气进行，并且场地周围应清洁，并应有防尘措施。雨雪天或雾天应在室内进行。

②环境温度不低于 0℃，器身温度不能低于周围空气温度。当器身温度低于周围空气温度时应将器身加热，使其温度高于周围空气温度 10℃。

③气温相对湿度不大于 65%时，器身在空气中的暴露时间不得大于 16 h。空气相对湿度不大于 65%小于等于 75%时，器身在空气中的暴露时间不得大于 12 h。器身暴露时间的计算起止点为：带油运输的变压器，由开始放油时算起；不带油运输的变压器，由打开顶盖或任一堵塞算起至注油开始止。

④干式电力变压器未带电时，有载分开关在操作 10 个循环后，切换动作正常，位置指示正确。

⑤触头完好无损，接触良好，每对触头的接触电阻值不大于

500 $\mu\Omega$。过渡电阻和边线完好，电阻值与铭牌数值相差不大于10%。切换动作顺序和切换过程符合产品技术要求和国家现行有关标准的规定。按制造厂的要求进行检查和调整试验。绝缘屏障应完好，且固定牢固，无松动现象。检查强油循环管路与下轮绝缘接口部位的密封情况。检查各部位应无油泥、水滴和金属屑末等杂物。

注：变压器若有围屏，可不必解除围屏，由于围屏遮蔽而不能检查的项目，可不予检查，铁芯检查时，无法拆开的可不测。

（3）吊器身。

①起吊前为防止变压器顶盖螺栓拆下后变压器油溢出应将变压器油箱中的油放出一部分。

②拆除油箱与器身相边的所有螺栓。将吊索系在变压器顶盖的吊环上，使吊索与铅垂线的夹角不大于30°，若大于30°，可用控制横梁进行控制。起吊过程中，速度要缓慢，且要保证器身与箱壁不得碰撞。

③器身吊出后，用干净的枕木垫在油箱上面，然后将器身放在枕木上面。

（4）器身检查的主要项目和要求。

①运输支撑和器身各部位应无移动现象，运输用的临时防护装置及临时支撑应予拆除，并经过清点，做好记录以备查。

②所有螺栓应紧固，并有防松措施；绝缘螺栓应无损坏，防松绑扎完好。

③铁芯应无变形，铁轮与夹件间的绝缘垫应良好；铁芯应无多点接地；铁芯外引接地的变压器，拆开接地线后铁芯对地绝缘应良好；打开夹件与铁轮接地片后，铁轮螺杆与铁芯、铁轮与夹件、螺杆与夹件间的绝缘应良好；当铁轮采用钢带绑扎时，钢带对铁轮的绝缘应良好；打开铁芯屏蔽接地引线，检查屏蔽绝缘良好；打开夹件与线圈压板的连线，检查压钉绝缘应良好；铁芯拉板及铁轮拉带应紧固，绝缘良好（无法打开铁芯的可不检查）。

④绕组绝缘层应完整，无缺损、变位现象。各绕组应排列整齐，间隙均匀，油路无堵塞。绕组的压钉应紧固，防松螺母应锁紧。

⑤绝缘围屏绑扎牢固，围屏上的线圈引出处的封闭应良好。

⑥引出线绝缘包扎紧固，无破损、折弯现象；引出线绝缘距离应合格，固定牢靠，其固定支架应紧固；引出线的裸露部分应无毛刺或尖角，且焊接应良好；引出线与套管的连接应牢靠，接线正确。

⑦无励磁分接开关安装时应检查：无励磁分接开关是否完好无损、安装是否正确、操作是否灵活，分接位置指示绕组分接头位置是否对应正确。操作部件应完好，绝缘良好，无损伤和受潮，固定良好。

⑧无励磁分接开关在操作三个循环后，每个分接位置测量触头接触电阻值不大于 500 $\mu\Omega$。无励磁分接开关调换使用接线柱和连接导体者，接线柱所标示分接位置与绕组分接头位置对应正确。无励磁分接开关的接线柱和连接导体，表面清洁、无裂纹、无损伤、螺纹完好；片形连接导体表面光滑、无气孔、无砂眼、无夹渣，以及无其他影响载流和机械强度等缺陷。

⑨有载分接开关装置符合设计要求，手动、电动操作均应灵活，无卡滞，逐级控制正确，限位和重负荷保护正确可靠。

（5）器身检查完毕后，必须用合格的变压器油进行冲洗，并清洗油箱底部，不得有遗留杂物。箱壁上的阀门应开闭灵活、指示正确。导向冷却的变压器还应检查和清理进油管接头和油箱；将油箱内部进行彻底的清理，确保箱内无任何杂物存在，然后在油箱上放好密封垫，上好顶盖上的螺栓，最后将同牌号的合格变压器油注入油箱内。

（6）充氮气的变压器进行器身检查时，必须让器身在空气中暴露 15 min 以上，使氮气充分扩散到空气中方可进行。若需进入油箱内进行检查时，必须用清洁干燥的空气将油箱内的氮气全部排除后才可进入。

（7）不同牌号的变压器油或同牌号的新油与旧油不宜混合使用，否则应作混油试验，注入油的温度要高于器身的温度，以便驱除器身表面的潮气，提高器身的绝缘强度。

（8）带油运输的变压器不需进行干燥处理的条件。

①绝缘油的电气强度合格，油中无水分存在。

②绝缘电阻及吸收比（或极化指数）符合规定。

③介质损耗角正切符合规定要求。

(9) 充气运输的变压器不需进行干燥处理的条件如下。

①器身内的压力保持正压。残油中微量水分不应大于 3×10^{-5}，电气强度不低于 30 kV。

②变压器注入合格绝缘油后，绝缘油所含微量水分及其电气强度、绝缘油电阻等均应符合规定。

5. 变压器就位

(1) 变压器就位可用汽车吊直接进行就位，由起重工操作，电工配合，可用道木搭设临时轨道，用倒链拉入设计位置。

(2) 就位时，应注意其方位和距墙尺寸应与设计要求相符，允许误差为±25 mm，图纸无注明，纵向按轨道定位，横向距离不得小于 800 mm，距门不得小于 1 000 mm，并使屋内预留吊环的垂线位于变压器中心，以便于进行吊芯检查，干式变压器图纸无注明时，安装维修最小环境距离应符合表 5-2 和图 5-1 的要求。

表 5-2 干式变压器安装维修最小距离

部位	周围条件	最小距离/mm
b_1	有导轨	2 600
	无导轨	2 000
b_2	有导轨	2 200
	无导轨	1 200
b_3	距墙	1 100
b_4	距墙	600

(3) 变压器基础的轨道应水平，轨距与轮距应配合，装有气体继电器的变压器顶盖，沿气体继电器的气流方向有1.0%～1.5%的升高坡度。

(4) 变压器与封闭母线连接时，其套管中心线应与封闭母线中心线相符。

(5) 变压器宽面推进时，低压侧应向外；窄面推进时，油枕侧应向外。装有开关的一侧操作方向上应留有 1 200 mm 以上的距离。

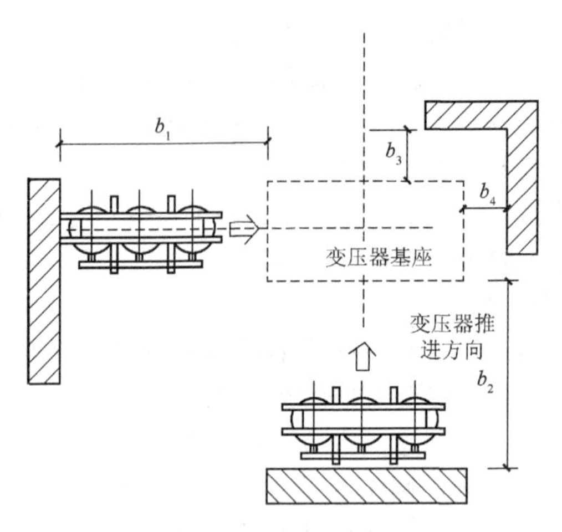

图 5-1 干式变压器安装维修最小距离

(6) 装有滚轮的变压器，滚轮应转动灵活，在变压器就位后，应将滚轮用能拆卸的制动装置加以固定。

(7) 油浸变压器的安装，应考虑能在带电的情况下，方便检查油枕和套管中的油位、上层油温、气体继电器等。

6. 附件安装

(1) 密封处理。

①设备的所有法兰连接处，应用耐油密封垫（圈）密封。密封垫（圈）必须无扭曲、变形、裂纹和毛刺。密封垫（圈）应与法兰面的尺寸相配合。

②法兰连接面应平整、清洁。密封垫应擦拭干净，安装位置应准确。其搭接处的厚度应与其原厚度相同，橡胶密封垫的压缩量不宜超过其厚度的 1/3。

(2) 有载调压切换装置的安装。

①传动部分润滑应良好（传动结构的摩擦部分应涂以适合当地气候条件的润滑脂），动作灵活，无卡阻现象。点动给定位置与开关实际位置一致，自动调节符合产品的技术文件要求。

②切换开关的触头及其连接线应完整无损，且接触良好，其限流电阻应完好，无断裂现象。

③切换装置的工作顺序应符合产品出厂技术要求。切换装置在极限位置时，其机械联锁与极限开关的电气联锁动作应正确。

④位置指示器应动作正常，指示正确。

⑤切换开关油箱内应清洁，油箱应做密封试验，且密封良好。注入油箱中的绝缘油，其绝缘强度应符合产品的技术要求。

（3）冷却装置的安装。

①冷却装置在安装前应按制造厂规定的压力值用气压或油压进行密封试验，其中散热器、强迫油循环风冷却器，持续30 min应无渗漏；强迫油循环水冷器，持续1 h应无渗漏，水、油系统应分别检查渗漏。

②冷却装置安装前应用合格的绝缘油经净油机循环冲洗干净，并将残油排尽。冷却装置安装完毕后即注满油。

③风扇电动机及叶片应安装牢固，并应转动灵活，无卡阻，试转时应无振动、过热。叶片应无扭曲变形或与风扇碰擦等情况，转向应正确。电动机的电源配线应采用耐油性能的绝缘导线。

④管路中的阀门应操作灵活，开闭位置应正确。阀门及法兰连接处应密封良好。

⑤外接油管路在安装前，应进行彻底除锈并清洗干净。管道安装后，油管应涂黄漆，水管应涂黑漆，并设有流向标志。油泵转向应正确。转动时应无异常噪声、振动或过热现象，其密封应良好，无渗油或进气现象。

⑥差压继电器、流速继电器应经校验合格，且密封良好，动作可靠。水冷却装置停用时，应将水放尽。

（4）贮油柜的安装。

①贮油柜安装前，应清洗干净。胶囊式贮油柜中胶囊或隔膜式贮油柜中的隔膜应完整无破损。胶囊在缓慢充气胀开后检查应无漏气现象。

②胶囊沿长度方向应与贮油柜的长轴保持平行，不应扭偏。胶囊口的密封应良好，呼吸应通畅。

③油位表动作应灵活，油位表或油标管的指示必须与贮油柜的真实油位相符，不得出现假油位。油位表的信号接点位置正确，绝缘良好。

（5）升高座的安装。

①升高座安装前，应先完成电流互感器的试验。电流互感器出线端子板应绝缘良好，无渗油现象。

②安装升高座时，应使电流互感器铭牌位置面向油箱外侧，放气塞位置应在升高座最高处。电流互感器和升高座的中心应一致。

③绝缘筒应安装牢固，其安装位置不应使变压器引出线与之相碰。

（6）套管的安装。

①套管安装前先进行检查：瓷套表面应无裂缝、伤痕；套管、法兰颈部及均压球内壁应清擦干净；套管经试验合格，充油套管无渗油现象、油位指示正常。

②当充油管介质损耗角正切值 tanδ 超过标准，且确认其内部绝缘受潮时，应进行干燥处理。

③套管顶部结构的密封垫应安装正确，密封应良好，连接引线时，不应使顶部结构松扣。充油套管的油标应面向外侧，套管末屏应接地良好。

（7）气体继电器安装。

①气体继电器安装前应经检验整定，以检验其严密性及绝缘性能并作流速整定。油速整定范围为：管径为 80 mm 者为0.7～1.5 m/s，管径为 50 mm 者为 0.6～1.0 m/s。

②气体继电器应水平安装，观察窗应装在便于检查的一侧，箭头方向应指向油枕，与连通管的连接应密封良好，截油阀应位于油枕和气体继电器之间。

③打开放气嘴，放出空气，直到有油溢出时将放气嘴关上，以免有空气使继电保护器误动作。

④当操作电流为直流时，必须将电源正极接到水银一侧的接点上，以免接点断开时产生飞弧。

⑤事故喷油管的安装方位，应注意到事故排油时不得危及其他电气设备。喷油管口应换为割划有“+”字线的玻璃，以便发生故障时气流能顺利冲破玻璃。

（8）安全气道（防爆管）安装。

①安全气道安装前内壁应擦拭干净，防爆隔膜应完整，其材料和规格应符合产品的技术规定，不得任意代用。

②安全气道斜装在油箱盖上，安装倾斜方向应按制造厂规定安装，厂方无明显规定时，宜斜向贮油柜侧。防焊隔膜信号接线正确，接触良好。

（9）干燥器（吸湿器、防潮呼吸器、空气过滤器）安装。

①检查硅胶是否失效（对浅蓝色硅胶，变为浅红色即已失效，白色硅胶不加鉴定一律进行烘烤）。如已失效，应在115～120 ℃温度下烘烤 8 h，使其复原或更新。

②安装时必须将干燥器盖子处的橡皮垫取掉，使其畅通，并在盖子中装适量的变压器油，起滤尘作用。

③干燥器与贮气柜间管路的连接应密封良好，管道应通畅。干燥器油封油位应在油面线上，但隔膜式贮油柜变压器应按产品要求处理（或不到油封、或少放油，以便胶囊易于伸缩呼吸）。

（10）温度计安装。

①套管温度计应直接安装在变压器上盖的预留孔内，并在孔内加适量变压器油。刻度方向应便于检查。

②电接点温度计安装前应进行检验，油浸变压器一次元件应安装在变压器顶盖上的温度计套筒内，并加适当变压器油。二次仪表挂在变压器一侧的预留板上。干式变压器一次元件应按厂家说明书位置安装，二次仪表安装在便于观测的变压器护网栏上。软管不得有压扁或死弯，弯曲半径不小于50 mm，富余部分应盘圈并固定在温度计附近。

③干式变压器的电阻温度计，一次元件应预埋在变压器内，二次仪表应安装在值班室或操作台上，导线应符合仪表要求，并加以适当的附加电阻校验调试后方可使用。

7. 变压器结线

（1）变压器的一、二次结线、地线、控制导线均应符合相应的规定，油浸变压器附件的控制导线，应采用具有耐油性能的绝缘导线。靠近箱壁的绝缘导线，排列应整齐，并有保护措施，接线盒密封应良好。

（2）变压器一、二次引线的施工，不应使变压器的套管直接

承受应力。

(3) 变压器的低压侧中性点必须直接与接地装置引出的接地干线进行连接，变压器箱体、干式变压器的支架或外壳应进行接地（PE)，且有标识。所有连接必须可靠，紧固件及防松零件齐全。

(4) 变压器中性点的接地回路中，靠近变压器处，宜做一个可拆卸的连接点。

8. 变压器试验

(1) 变压器的交接试验应由当地供电部门许可的有资质的试验室进行。

(2) 变压器交接试验的内容如下。

①测量绕组连同套管的直流电阻；检查所有分接头的变压比；查变压器的三相结线组别和单相变压器引出线的极性。测量绕组连同套管的绝缘电阻、吸收比或极化指数；测量绕组连同套管的介质损耗角正切值；测量绕组连同套管的直流泄漏电流；绕组连同套管的交流耐压试验；绕组连同套管的局部放电试验；测量与铁芯绝缘的各紧固件及铁芯接地线引出套管对外壳的绝缘电阻。

②非纯瓷套管的试验；绝缘油试验；有载调压切换装置的检查和试验；额定电压下的冲击合闸试验；检查相位；测量噪声。

9. 送电前的检查

变压器试运行前必须由监理和电力部门检查合格，并做全面检查，确认符合试运行条件时方可投入运行。检查内容如下：

(1) 各种交接试验单据齐全，数据符合要求。

(2) 变电器应清理、擦拭干净，顶盖上无遗留杂物，本体、冷却装置及所有附件应无缺损，且不渗油。

(3) 变压器一、二次引线相位正确，绝缘良好。

(4) 接地线良好且满足设计要求。

(5) 通风设施安装完毕，工作正常，事故排油设施完好，消防设施齐备。

(6) 油浸变压器油系统油门应打开，油门指示正确，油位正常。

（7）油浸变压器的电压切换装置及干式变压器的分接头位置放置正常电压挡位。

（8）保护装置整定值符合规定要求，操作及联动试验正常。

（9）干式变压器护栏安装完毕，各种标志牌挂好，门窗封闭完好，门上挂锁。

10. 送电试运行

（1）变压器第一次投入时，可全压冲击合闸，冲击合闸宜由高压侧投入。

（2）变压器应进行3～5次全压冲击合闸，无异常情况。第一次受电后，持续时间不应少于10 min，励磁涌流不应引起保护装置的误动作。

（3）油浸变压器带电后，检查油系统所有焊缝和连接面不应有渗油现象。

（4）变压器并列运行前，应核对好相位。

（5）变压器试运行要注意冲击电流、空载电流，一、二次电压，温度，并做好试运行记录。

（6）冲击试验前，应把有关的保护投入使用，如过电流保护、瓦斯保护等。电流互感器若暂不投入使用时，其二次测应短接。另外，现场应备好消防器材，以防万一。

（7）冲击试验中，操作人员应密切注意观察冲击电流的大小，一旦发现异常情况立即停止冲击，进行故障检查和处理。若在冲击过程中有轻瓦斯动作，应取油样做气相色谱分析，以便做出正确的判断。

（8）变压器空载运行24 h，无异常情况，方可投入负荷运行。

11. 验收

冲击试验通过后，便可对变压器进行带负荷运行，在试运行中，要观察变压器的各种保护和测温装置等。投入使用，并定时对变压器的温升、油位、渗漏和冷却器运行等情况进行检查记录。对装有调压装置的变压器，还可以进行带电调压试验，并逐级观察屏上电压表指示值是否与变压器的铭牌给定值相符。变压器带一定负荷运行24 h无任何故障，即可移交用户，并移交以下资料、文件：

（1）设计变更书。

（2）厂方提供的产品说明书、试验记录、合格证及安装图纸等技术文件。

（3）安装技术记录、器体检查记录等。

（4）变压器试验报告。

二、箱式变电所安装

1. 测量定位

按设计施工图纸所标定位置及坐标方位、尺寸，进行测量放线确定箱式变电所安装的底盘线和中心轴线，并确定地脚螺栓的位置。

2. 基础型钢安装

（1）预制加工基础型钢的型号、规格应符合设计要求。按设计尺寸进行下料和调直，做好防锈处理。根据地脚螺栓位置及孔距尺寸，进行制孔。制孔必须采用机械制孔。

（2）基础型钢架安装。按放线确定的位置、标高、中心轴线尺寸，控制准确的位置稳好型钢架，用水平尺或水准仪找平、找正，与地脚螺栓连接牢固。

（3）基础型钢与地线连接，将引进箱内的地线扁钢与型钢结构基架的两端焊牢，然后涂二遍防锈漆。

3. 箱式变电所就位与安装

（1）就位。要确保作业场地清洁、通道畅通。将箱式变电所运至安装的位置，吊装时，应严格吊点，应充分利用吊环将吊索穿入吊环内，然后，做试吊检查受力，吊索力的分布应均匀一致，确保箱体平稳、安全、准确地就位。

（2）按设计布局的顺序组合排列箱体。找正两端的箱体，然后挂通线，找准调正，使其箱体正面平顺。

（3）组合的箱体找正、找平后，应将箱与箱用镀锌螺栓连接牢固。

（4）接地。箱式变电所接地，应以每箱独立与基础型钢连接，严禁进行串联。接地干线与箱式变电所的N母线和PE母线直接连接，变电箱体、支架或外壳的接地应用带有防松装置的螺栓连接。连接均应紧固可靠，紧固件齐全。

（5）箱式变电所的基础应高于室外地坪，周围排水畅通。

（6）箱式变电所用地脚螺栓固定的螺帽齐全，拧紧牢固，自由安放的应垫平放正。

（7）箱壳内的高、低压室均应装设照明灯具。

（8）箱体内应有防雨、防晒、防锈、防尘、防潮、防凝露的技术措施。

（9）箱式变电所安装高压或低压电度表时，必须接线相位准确，并安装在便于查看的位置。

4. 接线

（1）高压接线应尽量简单，但要求既有终端变电站接线，也有适应环网供电的接线。成套变电所各部分一般在现场进行组装和接线。

（2）接线的接触面应连接紧密，连接螺栓或压线螺钉紧固必须牢固，与母线连接时紧固螺栓采用力矩扳手紧固，力矩值应符合本标准裸母线、封闭母线、插接母线安装相关条款的要求。

（3）相序排列准确、整齐、平整、美观，涂色正确。

（4）设备接线端，母线搭接或卡子、夹板处，明设地线的接线螺栓处等两侧 10～15 mm 处均不得涂刷涂料。

5. 试验检查

（1）箱式变电所电气交接试验，变压器交接试验应按表 5-3 的规定检查。

（2）高压设备及母线交接试验应符合表 5-4 的规定。

表 5-3 变压器交接试验

序号	试验内容	油浸式变压器		干式变压器	
		电压等级		电压等级	
		6 kV	10 kV	6 kV	10 kV
1	绕组连同套管直流电阻值测量（在分接头各个位置）	与出厂值比较，同温度下变化不大于 2%	与出厂值比较，同温度下变化不大于 2%	与出厂值比较，同温度下变化不大于 2%	与出厂值比较，同温度下变化不大于 2%

（续表）

序号	试验内容	油浸式变压器		干式变压器	
		电压等级		电压等级	
		6 kV	10 kV	6 kV	10 kV
2	检查变压比（在分接头各个位置）	与变压器铭牌标示相同，符合规律	与变压器铭牌标示相同，符合规律	与变压器铭牌标示相同，符合规律	与变压器铭牌标示相同，符合规律
3	检查结线组别	与变压器铭牌标示相同，且与出线符号一致	与变压器铭牌标示相同，且与出线符号一致	与变压器铭牌标示相同，且与出线符号一致	与变压器铭牌标示相同，且与出线符号一致
4	绕组绝缘电阻值测量	经测量时温度与出厂测量温度换算后不低于出厂值 70%	经测量时温度与出厂测量温度换算后不低于出厂值 70%	经测量时温度与出厂测量温度换算后不低于出厂值 70%	经测量时温度与出厂测量温度换算后不低于出厂值 70%
5	绕组连同套管交流工频耐压试验	21 kV 1 min	30 kV 1 min	17 kV 1 min	24 kV 1 min
6	与铁芯绝缘的紧固件绝缘电阻值测量	用 2 500 V 摇表测量 1 min，无闪络、击穿现象	用 2 500 V 摇表测量 1 min，无闪络、击穿现象	用 2 500 V 摇表测量 1 min，无闪络、击穿现象	用 2 500 V 摇表测量 1 min，无闪络、击穿现象
7	绝缘油电气强度试验	不低于 25 kV	不低于 25 kV		
8	检查相位	与设计要求一致	与设计要求一致	与设计要求一致	与设计要求一致

表 5-4　高压设备及母线交接试验

序号	试验内容	电压等级	
		6 kV	10 kV
1	隔离开关、负荷开关有机物绝缘拉杆的绝缘电阻	大于 1 200 MΩ	大于 1 200 MΩ
2	负荷开关交流工频耐压试验	21 kV 1 min	27 kV 1 min
3	纯瓷套管交流工频耐压试验	23 kV 1 min	30 kV 1 min
4	固体有机绝缘套管交流工频耐压试验	21 kV 1 min	27 kV 1 min
5	母线支持绝缘子及隔离开关交流工频耐压试验	23 kV 1 min	42 kV 1 min
6	电流、电压互感器高压侧交流工频耐压试验	21 kV 1 min	27 kV 1 min
7	开关操动位置机械闭锁装置	准确可靠	准确可靠
8	高压限流熔丝管直流电阻值测量	与同型号产品间相比无明显差别	
9	负荷开关导电回路直流电阻值测量	符合产品技术条件	
10	电流、电压互感器绝缘电阻值测量	经测量时温度与出厂测量温度换算后无较大差别	
11	电压互感器一次绕组直流电阻值测量	与产品出厂测量值无明显差别	
12	对有需要作励磁特性的电流互感器作励磁特性曲线	符合产品技术条件	
13	电压互感器空载电流测量和励磁特性试验	与出厂试验记录无明显差别	
14	三相电压互感器接线组别、单相互感器极性试验	与铭牌标示相同，且与出线符号一致	
15	互感器的变比试验	与铭牌标示相同	

三、质量标准

1. 主控项目

（1）变压器安装应位置正确、附件齐全。油浸变压器油位正常，无渗油现象。

检验方法：观察检查和检查安装记录。

（2）接地装置引出的接地干线与变压器的低压侧中性点直接连接，接地干线与箱式变电所的N母线和PE母线直接连接，变压器箱体、干式变压器的支架或外壳应接地（PE）。所有连接应可靠，紧固件及防松零件齐全。

检验方法：观察检验和检查接地记录。

（3）变压器必须交接试验合格。

检验方法：实测和检查试验记录。

（4）箱式变电所及落地式配电箱的基础应高于室外地坪，周围排水通畅。用地脚螺栓固定的螺帽齐全，拧紧牢固，自由安放的应垫平、放正。金属箱式变电所及落地式配电箱，箱体应接地（PE）或接零（PEN）可靠，且有标识。

检验方法：观察检查和检查安装记录。

（5）箱式变电所的交接试验，必须符合下列规定：

由高压成套开关柜，低压成套开关柜和变压器三个独立单元组合成的箱式变电所高压电气设备部分，应交接试验合格。

高压开关、熔断器等与变压器组合在同一个密闭油箱内的箱式变电所，交接试验按产品提供的技术文件要求执行。

低压成套配电柜交接试验符合《建筑电气工程施工质量验收规范》第4.1.5条的规定。

检验方法：实测和检查试验记录。

2. 一般项目

（1）有载调压开关的传动部分润滑应良好，动作灵活，点动给定位置与开关实际位置一致，自动调节符合产品的技术文件要求。

检验方法：观察检验和检查安装记录。

（2）绝缘件应无裂纹、缺损和瓷件瓷釉损坏等缺陷，外表清洁，测温仪表指示准确。

检验方法：观察检验和检查安装记录。

（3）装有滚轮的变压器就位后，应将滚轮用能拆卸的制动部件固定。

检验方法：观察检验。

（4）箱式变电所内外涂层完整、无损伤，有通风口的风口防护网完好。

检验方法：观察检验。

（5）箱式变电所的高低压柜内部接线完整，低压每个输出回路标记清晰，回路名称准确。

检验方法：观察检验和检查接线记录。

（6）装有气体继电器的变压器顶盖，沿气体继电器的气流方向有1.0%～1.5%的升高坡度。

检验方法：实测和检验安装记录。

第二节　配电（控制）盘柜安装

一、一般规定

（1）盘、柜装置及二次回路接线的安装应按已批准的技术文件进行施工。

（2）高压配电室内各种通道最小宽度应符合表5-5规定。

（3）当电源从柜、盘后进线且需在柜、盘正背后墙上另设隔离开关及其手动机构时，柜、盘后通道净宽不应小于1.5 m，当柜、盘背面的防护等级为IP2X时，可减为1.3 m。

注：IP2X见《外壳防护等级》（IP代码）（GB/T 4208—2017）。

（4）低压配电室内成排布置的配电屏，其屏前、屏后的通道最小宽度应符合表5-6的规定。

表5-5　高压配电室内各种通道最小宽度　（单位：mm）

开关柜布置方式	柜后维护通道	柜前操作通道	
		固定式	手车式
单排布置	800	1 500	单车长度+1 200
双排面对面布置	800	2 000	双车长度+900
双排背对背布置	1 000	1 500	单车度长+1 200

注：1. 固定式开关柜为靠墙布置时，柜后与墙净距应大于50 mm，侧面与墙净距应大于200 mm

2. 通道宽度在建筑物的墙面遇有柱类局部凸出时，凸出部位的通道宽度可减少200 mm

表 5-6　配电屏前、后通道最小宽度　（单位：mm）

形式	布置方式	屏前通道	屏后通道
固定式	单排布置	1 500	1 000
	双排面对面布置	2 000	1 000
	双排背对背布置	1 500	1 500
抽屉式	单排布置	1 800	1 000
	双排面对面布置	2 300	1 000
	双排背对背布置	1 800	1 000

注：当建筑物墙面遇有柱类局部凸出时，凸出部位的通道宽度可减少 200 mm

二、配电柜、控制柜安装

1. 定位放线

（1）按图纸要求将柜盘、箱位置测位找准，定位放线，预埋铁件或螺栓应配合土建进行。墙上安装的开关箱体、盘等预埋件或预留洞口应配合土建进行。

（2）定位放线时应满足：配电装置的长度大于 6 m 时，其柜、盘后通道应设两个出口，低压配电装置两个出口间距超过 15 m 时应增加出口。

2. 基础型钢制作安装

（1）配电柜、盘的底座一般采用型钢制作，如槽钢、角钢。型钢规格大小根据柜、盘的大小、质量、尺寸确定。常用的槽钢为 5～10 号，角钢为 50×50×5～63×63×6 等型号。安装前应矫平、调直。

（2）用底板固定型钢可采用焊接的方法，如图 5-2 所示。焊接时应注意型钢变形，宜先采用点焊，然后再满焊牢固。

（3）如型钢不平可采用垫铁找平。

（4）型钢根据柜、盘数量，型钢的长短设置固定点，一般为 800～1 200 mm 应设置一个固定点，两端 100～200 mm 处应设固定点。

（5）采用预埋开角螺栓固定。应将型钢按预留螺栓间距，测位、划线、定位，用电钻在型钢上开孔，进行安装，安装用水平尺找平，不平时应用垫铁找平，垫铁应设在固定点两侧，然后固

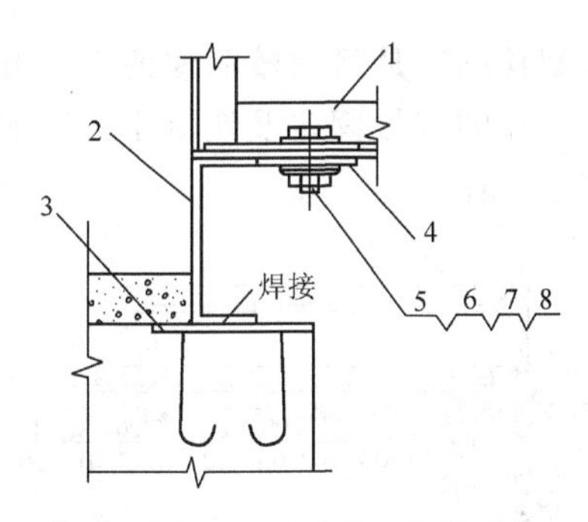

图 5-2　底板固定型钢安装开关柜示意

1—高低开关柜；2—底座槽钢；3—底板；4—扁钢；

5—螺栓；6—螺母；7—垫圈；8—放松垫圈

定。采用地平预留洞口的方式，可先将型钢按固定点用电钻在型钢上开孔，将开角螺栓提前临时固定在型钢上，基础型钢与开角螺栓找平、找正后同时配合浇注混凝土，待混凝土强度达到要求后，进行调整固定，如图 5-3 至图 5-4 所示。

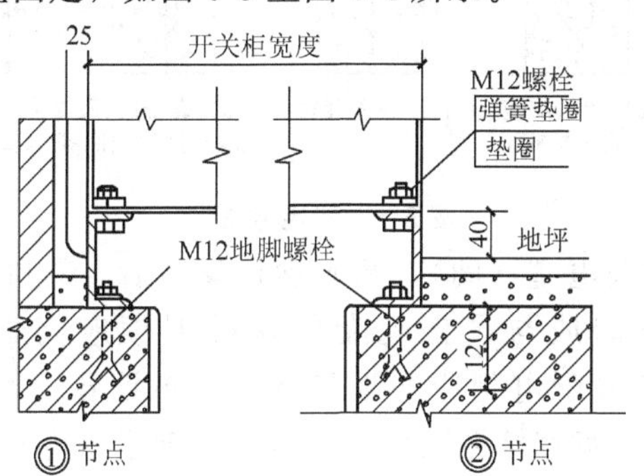

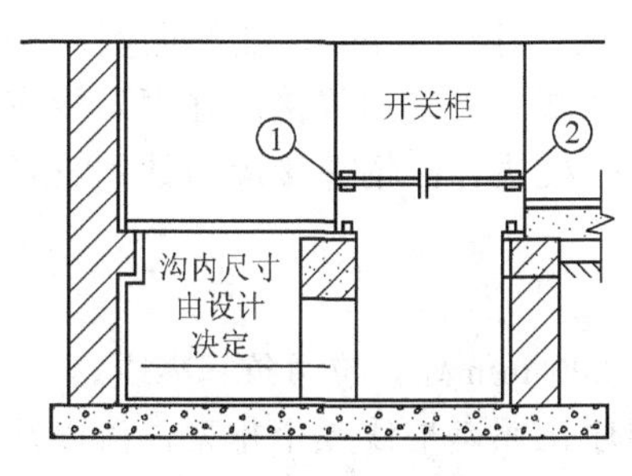

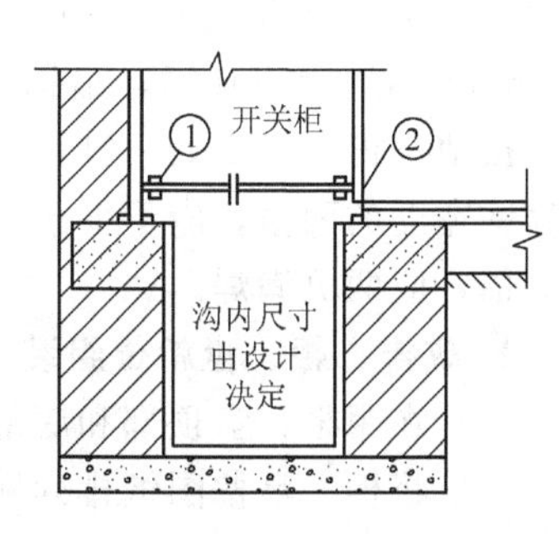

(a) 低压开关柜安装　　(b) 高压开关柜安装

图 5-3　开关柜安装

（6）采用膨胀螺栓固定是目前较简便的固定方法，适用于混凝土上的型钢和柜、盘的直接固定及混凝土、砖墙上配电箱、盘的固定做法，如图 5-5 所示。

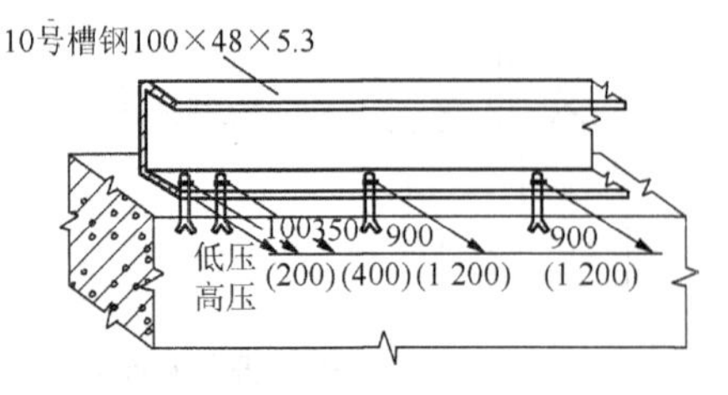

图 5-4　用开角螺栓固定型钢安装开关柜示意（mm）

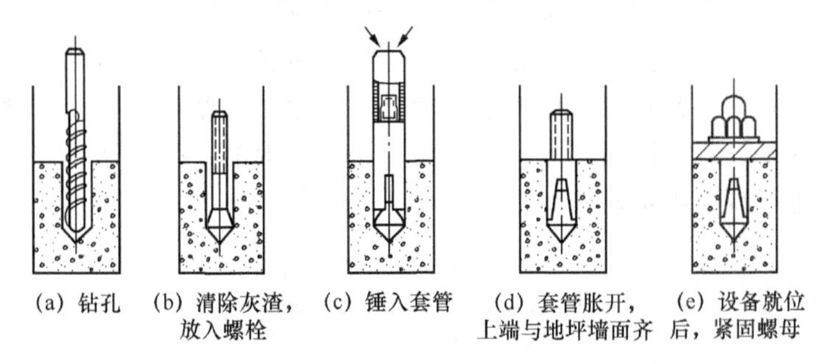

图 5-5　固定方法

（7）在变配电室（间），基础型钢安装后，其顶部应高出地平 10 mm，车间或与设备配套的基础型钢应高出地平 50～100 mm，手车式配电柜应与地平齐平，与设备配套的配电柜、盘、基础型钢也可直接在地平上安装。基础型钢应有明显可靠的接地，应从接地装置直接引至基础型钢，接地线宜选用不小于 120 mm^2 的扁钢和圆钢，扁钢厚度不小于 4 mm。变配电室基础型钢接地不得少于 2 处，宜设在两端，可采用焊接。扁钢焊接应为扁钢宽度的两倍，应不少于三个棱边，圆钢焊接应为圆钢直径的 6 倍，应两侧满焊。

3. 成排、柜、盘就位组装

（1）在距柜、盘顶部和底部 200 mm 处，拉两条基准线。

（2）将柜、盘按图纸排列顺序比照基准线逐个排列，可以从左向右，也可从右向左，还可从中间向两侧开始排列。

（3）首先精确地调整第一面柜，平面和侧面进行调直，保证平整和垂直度，柜、盘与基础型钢之间的调整宜采用开口钢垫板，如图 5-6 所示，找正、找平。钢垫板可采用 40 mm×40 mm，厚度为 0.5～1 mm，扁钢制作，开口应插入柜、盘的固定螺栓内，钢垫板每处不应超过 3 片。

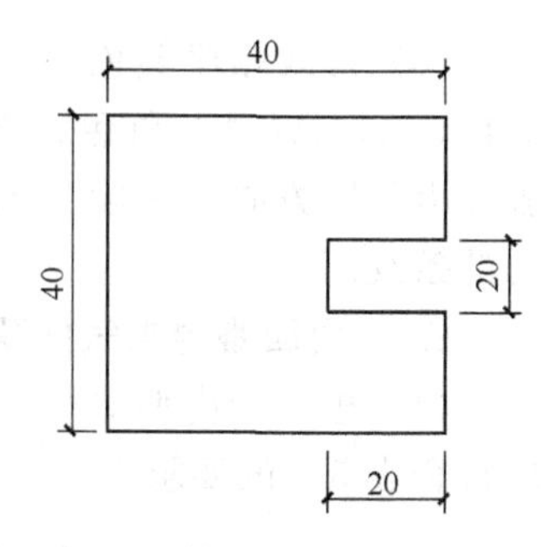

图 5-6 开口钢垫板 (mm)

(4) 柜、盘找平、找正后应固定，采用螺栓固定或螺栓压板固定，不得采用焊接。

(5) 固定一个盘后，在依次固定其他柜、盘体，柜、盘体与两侧挡板均应采用螺栓连接，固定应牢固。

(6) 柜、盘组装完成后，应进行复检是否达到规范和设计要求，如个别处达不到应进行调整，直至合格。

(7) 柜、盘安装在振动场所，应采取防振措施，应加弹性垫或橡胶垫。如设计有要求，按设计要求安装。

(8) 端子箱安装应牢固，封闭良好，安装位置应便于检查。成列安装时，应排列整齐。

4. 母线配制安装

(1) 按照设计要求规格尺寸进行配制，做法见裸母线安装。

(2) 柜、盘上的小母线应采用直径不小于 6 mm 的铜管，小母线两侧应有标明其代号或名称的绝缘标志牌，字迹清晰、工整，且不宜脱色。

(3) 柜、盘上的模拟母线的宽度宜为 6～12 mm，母线的标志颜色应符合表 5-7 的规定。

表 5-7 母线标志颜色

电压/kV	颜色	电压/kV	颜色
交流 0.23	深灰	交流 6.0	深蓝
交流 0.40	黄褐	交流 10.0	绛红
交流 3.0	深绿	—	—

(4) 模拟母线应对齐，其误差不应超过视差范围，并应完整，安装牢固。

(5) 母线相序颜色，交流应为 L1（U 相）黄色，L2（V 相）绿色，L3（W 相）红色；直流正极为赭色，负极为蓝色。接地线表面沿长度方向，每段为 15～100 mm，分别涂以黄色和绿色相间的条纹。

5. 二次回路的电气间隙和爬电距离

(1) 柜、盘内两导体间，导电体与裸露的不带电的导体间，应符合表 5-8 的要求。

表 5-8 允许最小电气间隙及爬电距离 （单位：mm）

额定电压/V	电气间隙		爬电距离	
	额定工作电流		额定工作电流	
	≤63 A	>63 A	≤63 A	>63 A
$V≤60$	3.0	5.0	3.0	5.0
$60<V≤300$	5.0	6.0	6.0	8.0
$300<V≤500$	8.0	10.0	10.0	12.0

(2) 屏顶上小母线不同相或不同极的裸露载流部分之间，裸露载流部分与未经绝缘的金属体间，电气间隙不得小于12 mm，爬电距离不得小于 20 mm。

6. 柜、盘结构安装

(1) 高低压配电柜的柜间隔板和柜侧挡板必须齐全，不齐全者应在现场配置完善，可事先向建设单位办理“设计变更（洽商）记录单”。

隔板和挡板的材料一般采用 2 mm 厚的钢板，高压柜柜顶母线分段隔板宜采用 10 mm 厚的酚醛层压板。

高压配电柜侧面或背面出线时，应装设保护网，保护网全部为金属结构。低压柜的侧面靠墙安装时，挡板可以取消。

(2) 柜门、网门及门锁应调整得开闭灵活。检修灯要完好，有门开关的检修灯应能随着门的开闭而正常明灭。

(3) 柜、盘的漆层应完整，无损伤。固定电器的支架等应刷防锈漆和面漆，遍数由设计定，设计无规定时应刷一度防锈漆和二度面漆，且无漏涂。安装同一室内成排安装的柜、盘，颜色应和谐一致，如漆层破坏或成列的柜、盘面颜色不一致时，应重新喷漆，使成列配电柜、盘整齐，漆面不能出现反光炫目现象。

（4）柜、盘的接地应牢固可靠，金属制品可开启的柜、盘门应与接地的金属构架采用软铜线可靠地连接。

（5）柜、盘内应设接地线或接地端子，或设接地螺栓，以供盘内使用和携带式用电器具接地线使用。

（6）端子排的安装应符合：端子排无损坏，固定牢固，绝缘良好。端子排应有序号。垂直布置的端子排最底下一个端子，及水平布置的最下一排端子离地宜大于350 mm，端子排并列时彼此间隔不应小于150 mm。

（7）抽屉式配电柜内的安装应符合：抽屉推拉灵活轻便，无卡阻、碰撞现象，抽屉能互换。抽屉的机械联锁或电联锁装置应动作正确可靠，断路器分闸后，隔离触头才能分开。抽屉与柜体间二次回路连接插件应接触良好。抽屉与柜体间的接触及柜体、框架的接地应良好。

7. 柜、盘的电器安装

（1）电器元件质量良好，型号、规格应符合设计要求，外观应完好，且附件齐全，排列整齐，固定牢固，密封良好。

（2）各电器应能单独拆装更换而不应影响其他电器及导线束的固定。

（3）发热元件宜安装在散热良好的地方，两个发热元件之间的连线应采用耐热导线或裸铜线套瓷管。

（4）熔断器的熔体规格、自动开关的整定值应符合设计要求。

（5）切换压板应接触良好，相邻压板间应有足够安全距离，切换时不应碰及相邻的压板，对于一端带电的切换压板，应使在压板断开情况下，活动端不带电。

（6）信号回路的信号灯、光字牌、电铃、电笛、事故电钟等应显示准确，工作可靠。

（7）盘上装有装置性设备或其他有接地要求的电器，其外壳应可靠接地。

（8）带有照明的封闭式盘、柜应保证照明完好。

（9）二次回路的连接件均应采用铜质制品，绝缘件应采用自

熄性阻燃材料。

(10) 盘、柜的正面及背面各电器、端子牌等应标明编号、名称、用途及操作位置，其标明的字迹应清晰、工整，且不易脱色。

(11) 盘、柜上的小母线应采用直径不小于 6 mm 的铜棒或铜管，小母线两侧应有标明其代号或名称的绝缘标志牌，字迹应清晰、工整，且不易脱色。

(12) 切换压板应接触良好，相邻压板间应有足够安全距离，切换时不应触及相邻的压板，对于一端带电的切换压板，应使在压板断开情况下，活动端不带电。

(13) 信号回路的信号灯、光字牌、电铃、电笛、事故电钟等应显示准确，工作可靠。

(14) 盘上装有装置性设备或其他有接地要求的电器，其外壳应可靠接地。

(15) 带有照明的封闭式柜、盘应保证照明完好。

(16) 柜、盘的正面及背面各电器、端子牌等应标明编号、名称、用途及操作位置，其标明的字迹应清晰、工整，且不宜脱色。

8. 柜、盘内二次回路接线

柜、盘内配线应按施工图规定，接线正确、整齐美观，绝缘良好，连接牢固，且不得有中间接头，应有余量，若无明确规定，可选用铜芯电线或电缆，导线回路截面应符合如下要求：

(1) 电流回路导线截面不小于 2.5 mm^2。

(2) 电压、控制、保护、信号等回路不小于 1.5 mm^2。

(3) 对电子元件回路、弱电回路采用锡焊连接时，在满足载流量和电压降且有足够的机械强度的情况下，可采用不小于 0.5 mm^2 截面的绝缘导线。

(4) 多油设备的二次接线不得采用橡皮线，应采用塑料绝缘线。

(5) 接到活动门、板上的二次配线必须采用 2.5 mm^2 以上的多股铜芯软绝缘线，并在转动轴线附近两端留出余量后卡牢，结束应有外套塑料管等加强绝缘层，与电器连接时，端部应绞紧，并应加终端附件或搪锡，不得松散、断股。

（6）应使用剥线钳剥线，绝缘导线的剥切长度见表5-9。

表5-9 绝缘导线的剥切长度 （单位：mm）

端子螺钉直径	3	4	5	6	6
剥切长度	15	18	21	24	28

（7）在剥掉绝缘层的导线端部套上标志管，导线顺时针方向弯成内径端子接线螺钉外径大于0.5～1 mm的圆圈，多股导线应先拧紧、挂锡，线头应套标志头、搣圈，线头弯曲方向应与螺钉扭紧方向一致并卡入梅花垫，或采用压接线鼻子，禁止直接插入，如图5-7所示。

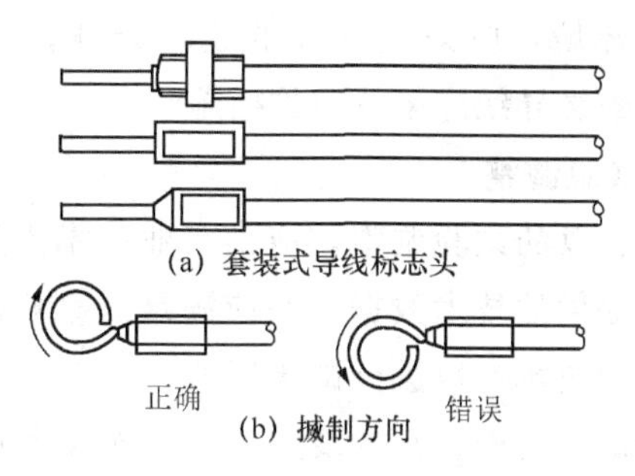

图5-7 标志头和线头搣制方向

（8）插接式接线端子，不同截面的两根导线不得接在同一端子上。对于螺栓连接端子，当接两根导线时，中间应加平垫片，导线端部剥切长度为插接端子的长度，不应将导线绝缘层插入，以免造成接触不良，也不应插入过少，以致掉落，每个接线端子的一端，接线不得超过两根。

（9）二次回路接地应设专用螺栓。

（10）二次回路的连接件应采用铜质制品，绝缘件应采用自熄性阻燃材料或难燃材料。

9. 柜、盘内外接线

（1）引入柜盘内的电缆应排列整齐，编号清晰，避免交叉，并应固定牢固，不得使所接端子排受到机械应力。

（2）铠装电缆在进入柜、盘后，应将钢带切断，切断处的端部应扎紧，并应将钢带接地。

（3）使用于静态保护、控制等逻辑回路的控制电缆，应采用屏蔽电缆，其屏蔽层应按设计要求的接地方式进行接地。

（4）橡胶绝缘的芯线应用外套绝缘管保护。

（5）柜盘内的电缆芯线，应按垂直或水平有规律地配置，不得任意歪斜交叉连接，备用芯线长度应留有适当余量。

（6）强、弱电回路不应使用同一根电缆，并应分别成束分开排列。

（7）直流回路中具有水银接点的电器，电源正极应接到水银侧接点的一端。

（8）在油污环境，应采用耐油的绝缘导线，在日光直射环境，橡胶和塑料绝缘导线应采取防护措施。

10. 柜、盘试验调整

高低开关柜、盘的试验调整，应由专业技术人员和技术工人进行，根据设计提供的技术数据，并应满足国家规范和当地电业部门提出的要求和技术参数进行试验调整。

绝缘电阻测试。对柜、盘的线路一、二次设备进行绝缘电阻测试，测量绝缘电阻时，采用兆欧表的电压等级。

测试绝缘前应检查配电装置内不同电源的馈线间或馈线两侧的相位应一致，并应与电源侧一致，保证系统相序一致。

11. 电气设备耐压试验

（1）交流耐压试验时加至试验标准电压后的持续时间，无特殊说明，应为 1 min。

（2）二次回路交流耐压试验，应符合下列规定：

①试验电压为 1 000 V。当回路绝缘电阻值在 10 MΩ 以上时，可采用 2 500 V 兆欧表代替，试验持续时间为 1 min。

②48 V 及以下回路可不做交流耐压试验。回路中有电子元器件设备的，试验时应将插件拔出或将其两端短接。

注：二次回路是指电气设备的操作、保护、测量、信号等回

路及其回路中的操动机构的线圈、接触器、继电器、仪表、互感器二次绕组等。

(3) 1 kV 及以下配电装置的交流耐压试验，应符合下述规定：试验电压为 1 000 V。当回路绝缘电阻值在 10 MΩ 以上时，可采用 2 500 V 兆欧表代替，试验持续时间为 1 min。

(4) 柜、盘的工程仪表，各种继电器，合闸装置，联动、联锁装置的试验调整，应按设计和设备出厂及当地电业部门的规定进行调整试验，以保证设备的安全运行。

三、动力、照明配电箱安装

配电箱的安装高度底面距地应不低于 1.5 m，箱内衬板应为难燃或阻燃材料，如采用木制作应做防火处理，配电箱开孔应与配管吻合，并应在订货时就明确提出敲落孔的数量及规格，否则应用开孔器现场开孔，不得采用电、气焊切割。

暗装配电箱应配合土建将箱体同时按图纸要求安装于墙内，若预留洞口，应根据配管的直径、摵弯的倍数考虑需配管侧留置高度、宽度，比箱体应大 300～500 mm，不配管侧不宜大于 80 mm。配管必须到位，附件应齐全，在配管和接地线做好以后，并填好隐蔽工程记录，监理认证后，可将洞口周围用细石混凝土或水泥砂浆填实、填牢，各种暗装配电箱做法可参照图 5-8 至图 5-14 所示。

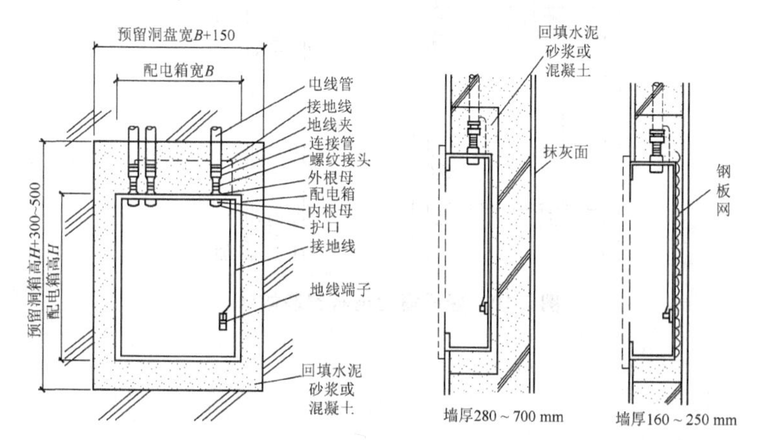

图 5-8　暗装配电箱后期安装做法

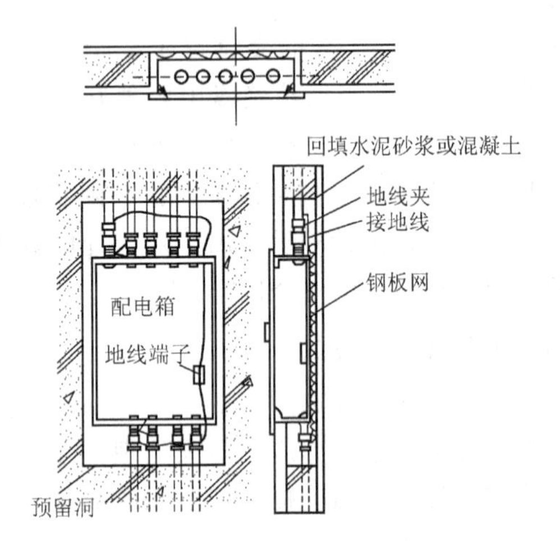

图 5-9　钢筋混凝土墙配电箱安装做法

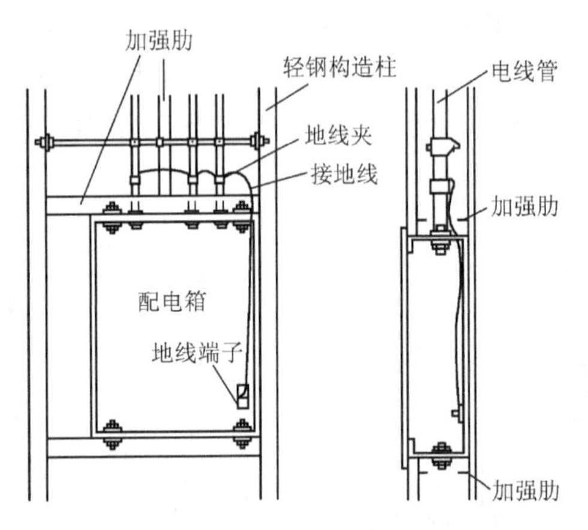

图 5-10　轻质墙配电箱安装做法

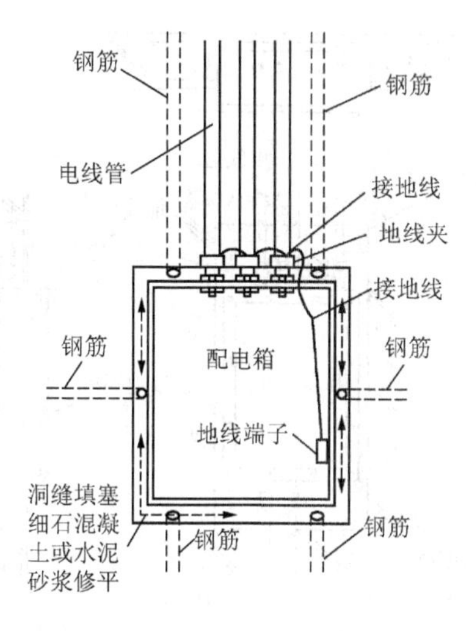

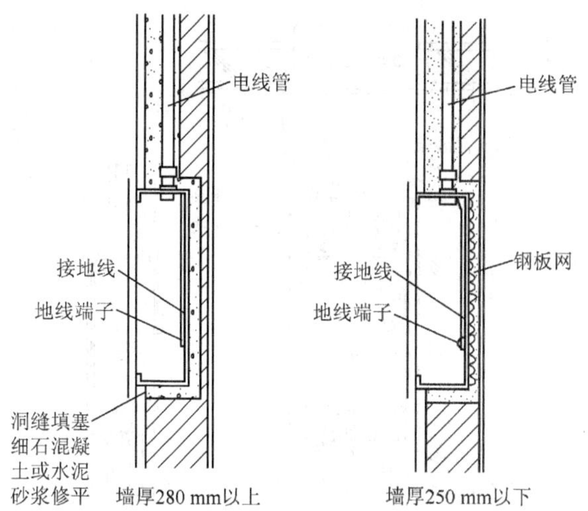

图 5-11　大型砌块墙壁配电箱安装做法

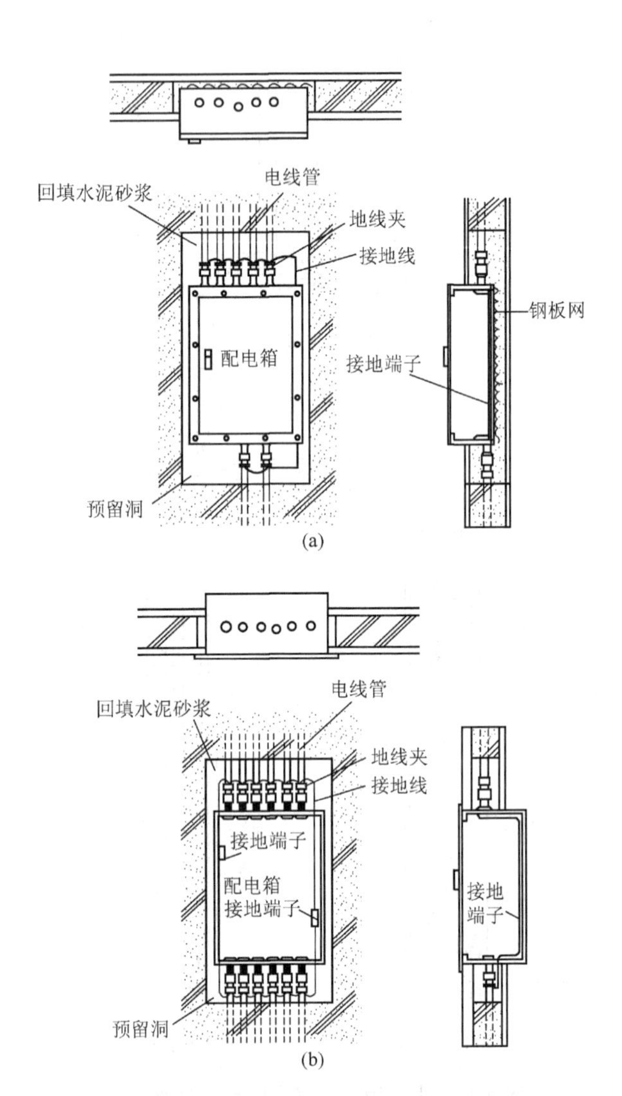

图 5-12　配电箱半露出墙壁安装做法

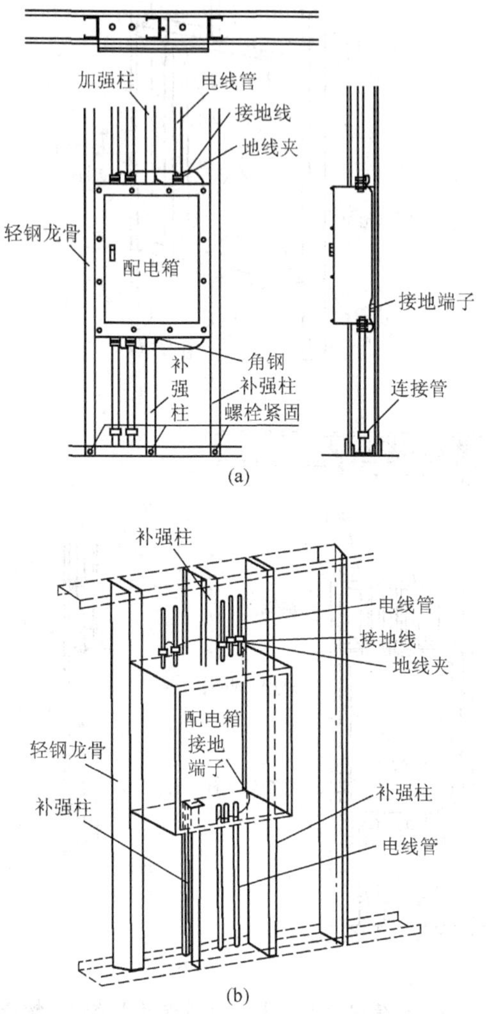

加强柱
电线管
接地线
地线夹
轻钢龙骨
配电箱
接地端子
角钢
补强柱
补强柱
螺栓紧固
连接管

(a)

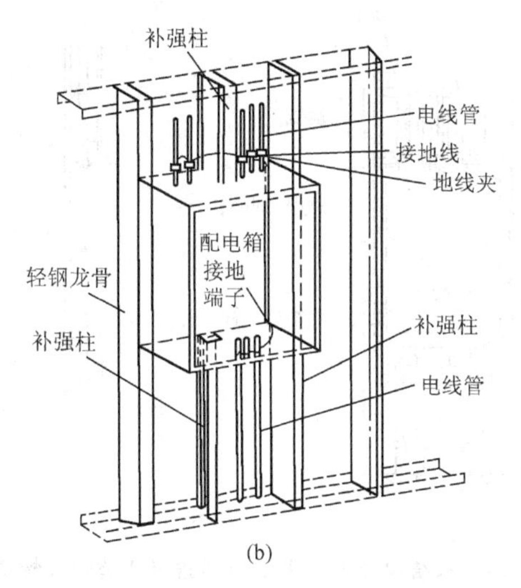

(b)

图 5-13　轻质墙上半露配电箱安装做法

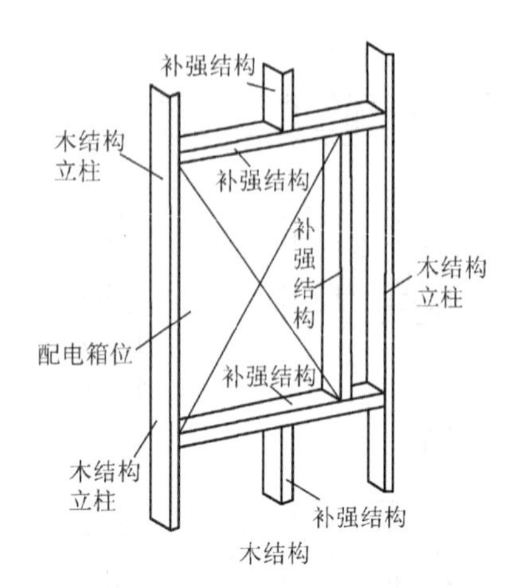

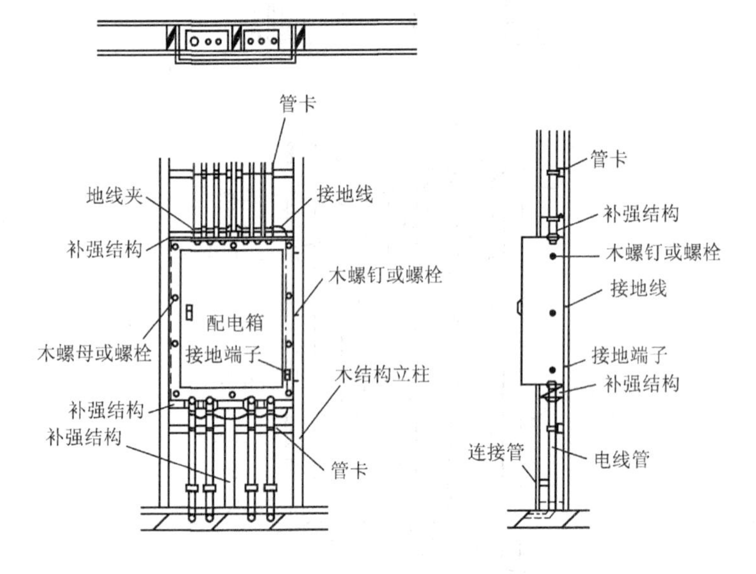

图 5-14　木结构轻质墙配电箱半露出墙壁安装做法

明装配电箱的固定可采用预埋铁件或开角螺栓，小型的可预埋木砖但应防腐，也可根据实际情况采用膨胀螺栓和 Ц 卡子、串心螺栓、支架等做法，可参照图 5-15 至图 5-17 所示。

接线箱
胀管螺栓
接线箱
接地
端子

(a)

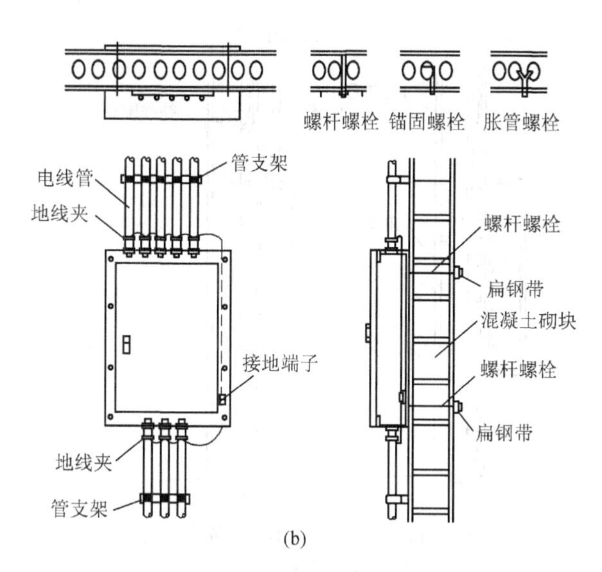

(b)

图 5-15　明装配电箱安装做法

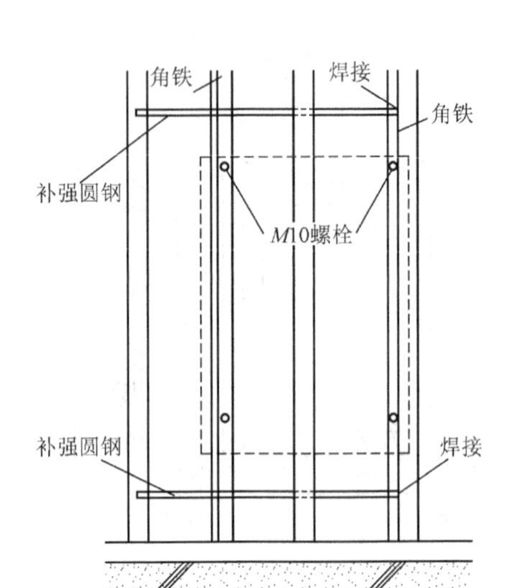

(a) 正视图

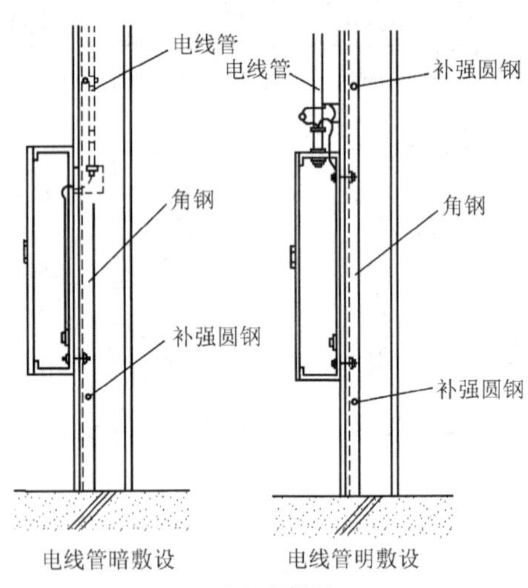

(b) 侧视图

图 5-16　轻质墙上明装配电箱安装做法
(适用于较重配电箱的安装)

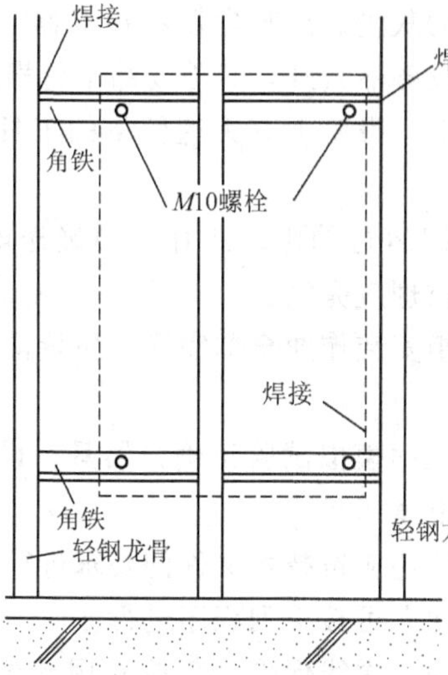

(a) 正视图

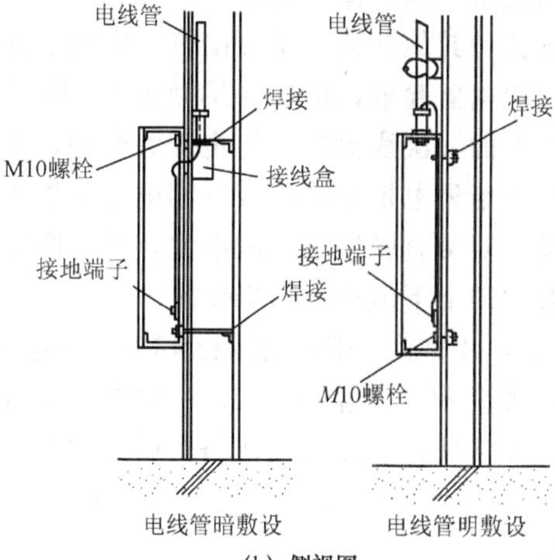

电线管暗敷设　　电线管明敷设

(b) 侧视图

图 5-17　轻质墙上明装配电箱安装做法
（适用于较轻配电箱的安装）

四、送电、试运行

1. 送电前的准备工作

（1）准备好经检测合格的验电器、绝缘靴、绝缘手套、临时接地编织铜线、绝缘胶垫、粉末灭火器等。彻底清扫全部设备及

变配电室、控制室的灰尘。用吸尘器清扫电器、仪表元件，另外室内除送电需用的设备器具外，其他物品不得堆放。

(2) 检查母线上、设备上有无遗留下的工具、金属材料及其他物件。

(3) 做好送电试运行的组织工作，明确送电试运行指挥者、操作者和监护人，监理应旁站。

(4) 所有开关柜安装作业全部完毕，质量检查合格。

2. 送电

(1) 二次回路联动模拟试验正确，器具、设备试调合格并有试验报告，方可送电试运行。

(2) 送电试运行还应按技术文件的要求进行。

(3) 变配电室送电可按下列程序进行。

将各开关柜上的二次线保险全部拆除用绝缘摇表分别测试母排及各回路绝缘电阻，其阻值不能小于 2 MΩ。

将进线主开关和其他开关置于分闸位，由供电部门将电源送进配电室内，用验电器验电，检查主开关上口，保证电源正常。

恢复开关柜上的二次线保险，将主开关合闸，将电源送到配电室主母排。检查给配电柜上电压表三相电压是否正常，然后依次送各路分开关，对带有联络柜的配电室，在合联络柜联络开关前用相序表在开关的上下侧进行同相校核。

送电空载运行 24 h 后，带负荷运行 48 h。查电流表各相电流值，三相电流是否平衡。大容量（630 A 以上）导线、母线连接处或与开关设备连接处，应做电气线路联结点测温。用红外线测温计测试线路及各接触点的发热情况，做好记录。若无异常现象，则送电结束。

3. 电气照明、动力通电试验

住宅工程应连续通电 8 h，公共建筑应连续通电 24 h，并应按设计要求，公共建筑按楼层、区段，住宅按单元加负荷进行试验、插座回路，可采用大电流发生器、电阻箱或其他电气器具或设备作为负荷，但必须达到设计负荷的要求。试验时，施工单位、监理单位应密切注意检查，每 2 h 应记录一次，并做好记录。

五、质量标准

1. 主控项目

(1) 柜、屏、台、箱、盘的金属框架及基础型钢必须接地(PE)或接零(PEN)可靠。装有电器的可开启门，门和框架的接地端子应用裸编织铜线连接，且有标识。

检验方法：观察检验和检查接地记录。

(2) 低压成套配柜(屏、台)和动力、照明配电箱(盘)应有可靠的电击保护。屏、台、箱、盘内保护导体应有裸露的连接外部保护导体的端子，当设计无要求时，柜(屏、台、箱、盘)内保护导体最小截面积 S_p 不应小于表 5-10 的规定。

表 5-10 保护导体的截面积

相线的截面积 S/mm^2	相应保护导体的最小截面积 S_p/mm^2	相线的截面积 S/mm^2	相应保护导体的最小截面积 S_p/mm^2
$S \leqslant 16$	S	$400 < S \leqslant 800$	200
$16 < S \leqslant 35$	16	$S > 800$	$S/4$
$35 < S \leqslant 400$	$S/2$	—	—

注：S 指柜(屏、台、箱、盘)电源进线截面积，且两者(S、S_p)材质相同。

检验方法：做电击试验和实测。

(3) 手车、抽出式成套配电柜推拉应灵活，无卡阻、碰撞现象。动触头与静触头的中心线应一致，且触头接触紧密。投入时，接地触头先于主触头接触；退出时，接地触头后于主触头脱开。

检验方法：观察检验。

(4) 高压成套配电柜必须符合现行国家标准规定交接试验合格，且应符合下列规定：

①继电保护元器件、逻辑元件、变送器和控制用计算机等单体校验合格，整体组试验动作正确，整定参数符合设计要求。

②凡经法定程序批准，进入市场投入使用的新高压电气设备和继电保护装置，按产品技术文件要求交接试验。

检验方法：检查试验调整记录。

（5）低压成套配电柜交接试验，必须符合下列规定：

①每路配电开关及保护装置的规格、型号，应符合设计要求。

②相间和相对地的绝缘电阻值应大于 0.5 MΩ。

③电气装置的交流工频耐压试验电压为 1 kV，当绝缘电阻值大于 10 MΩ 时，可采用 2 500 V 兆欧表摇测替代，试验持续时间 1 min，无击穿闪络现象。

检验方法：检查试验调整记录。

（6）柜、屏、台、箱、盘间线路的线间和线对地间绝缘电阻值，馈电线路必须大于 0.5 MΩ，二次回路必须大于 1 MΩ。

检验方法：实测和检查接地记录。

（7）柜、屏、台、箱、盘间二次回路交流工频耐压试验，当绝缘电阻值大于 10 MΩ 时，用 2 500 V 兆欧表摇测 1 min，应无击穿闪络现象；当绝缘电阻值在 1～10 MΩ 时，做 1 000 V 交流工频耐压试验，时间为 1 min，应无击穿闪络现象。

（8）直流屏试验，应将屏内电子器件从线路上退出，检测主回路线间和线对地间绝缘电阻值大于 0.5 MΩ，直流屏所附蓄电池组的充、放电应符合产品技术文件要求；整流器的控制调整和输出特殊试验应符合产品技术文件要求。

检验方法：检查试验调整记录。

（9）照明配电箱（盘）安装应符合下列规定。

①箱（盘）内配线整齐，无绞接现象。导线连接紧密，不伤芯丝，不断股。垫圈下螺钉两侧压的导线截面积相同，同一端子上导线连接不多于 2 根，防松垫圈等零件齐全。

②箱（盘）内开关动作灵活可靠，带有漏电保护的回路，漏电保护装置动作电流不大于 30 mA，动作时间不大于0.1 s。

③照明箱（盘）内，分别设置零线（N）和保护地线（PE）汇流排，零线和保护地线经汇流排配出。

检验方法：观察检验和检查安装记录。

2. 一般项目

（1）基础型钢安装应符合表 5-11 的规定。

检验方法：实测和检验安装记录。

表 5-11 基础型钢安装允许偏差

项目	允许偏差	
	mm/m	mm/全长
不直度	<1	<5
水平度	<1	<5
不平行度	—	<5

(2) 柜、屏、台、箱、盘相互间或基础型钢应用热浸镀锌螺栓连接，且防松零件齐全。

检验方法：观察检验。

(3) 柜、屏、台、箱、盘安装垂直度允许偏差为 1.5‰，相互间接缝不应大于 2 mm。成列盘面偏差不应大于 5 mm。

检验方法：实测和检查安装记录。

(4) 柜、屏、台、箱、盘内检查试验应符合下列规定。

①控制开关及保护装置的规格、型号符合设计要求。

②闭锁装置运作准确、可靠。

③辅助开关切换动作与主开关动作一致。

④柜、屏、台、箱、盘上的铭牌应标明被控设备编号及名称，或操作位置，接线端子有编号，且清晰、工整、不易脱色。

⑤48 V 及以下回路可不做交流工频耐压试验。回路中的电子元件不需做交流工频耐压试验。

检验方法：检查试验调整记录。

(5) 低压电器组合应符合下列规定。

①发热元件安装在散热良好的位置。

②熔断器的熔体规格、自动开关的整定值符合设计要求。

③切换压板接触良好，相邻压板间有安全距离，切换时，不触及相邻的压板。

④信号回路的信号灯、按钮、光字牌、电铃、电笛、事故电钟等动作和信号显示准确。

⑤外壳须接地（PE）或接零（PEN）的，连接可靠。

⑥端子排安装牢固，端子有序号，强电、弱电端子隔离布置，端子规格与芯线截面积大小适配。

检验方法：观察检验。

(6) 柜、屏、台、箱、盘间配线：电流回路应采用额定电压不低于 750 V、芯线截面积不小于 2.5 mm^2 的铜芯绝缘电线或电缆；除电子元件回路或类似回路外，其他回路的电线应采用额定电压不低于 750 V、芯线截面不小于 1.5 mm^2 的铜芯绝缘电线或电缆。

二次回路连线应成束绑扎，不同电压等级、交流、直流线路及计算机控制线路应分别绑扎，且有标识。固定后不应妨碍手车开关或抽出式部件地拉出或推入。

检验方法：观察检验。

(7) 连接柜、屏、台、箱、盘面板上的电器及控制台、板等可动部位的电线应符合下列规定。

①采用多股铜芯软电线，敷设长度留有适当余量。

②线束有外套塑料管等加强绝缘保护层。

③与电器连接时，端部绞紧，且有不开口的终端端子或搪锡，不松散、断股。

④可转动部位的两端用卡子固定。

检验方法：观察检验。

(8) 照明配电箱（盘）安装应符合下列规定：

①位置正确，部件齐全，箱体开孔与导管管径适配，暗装配电箱箱盖紧贴墙面，箱（盘）涂层完整。

②箱（盘）内接线整齐，回路编号齐全，标识正确。

③箱（盘）不得采用可燃材料制作。

④箱（盘）安装牢固，垂直度允许偏差为 1.5‰，距地面宜为 1.5 m，照明配电板底边距地面为 1.5 m，照明配电板底边距地面不小于 1.8 m。

检验方法：观察检验和实测。

第三节　低压电器安装

一、低压电动机安装

1. 一般规定

(1) 低压电动机应与机械设备完成连接，绝缘电阻测试合格，经手动操作符合工艺要求，才能接线。

(2) 电动机接线端子与导线端子必须连接紧密，不受外力，连接用紧固件的锁紧装置完整齐全。在电动机接线盒内，裸露的不同相导线间和导线对地间最小距离必须符合本标准的相应规定。

(3) 电动机接线应牢固可靠，接线方式应与供电电压相符。

(4) 电动机安装后，应用手盘动数圈进行转动试验。

(5) 电动机外壳保护接地（或接零）必须良好。

(6) 电动机试运行一般应在空载的情况下进行，空载运行时间为 2 h，并做好电动机空载电流电压试验记录。

二、电动机安装准备

1. 基础验收

对基础轴线、标高、地脚、地脚螺栓位置、外形几何尺寸进行测量验收，沟槽、孔洞及电缆管位置应符合设计及土建本身的质量要求。混凝土标号一定要符合设计要求，一般基础质量不小于电动机质量的 3 倍，基础各边应超出电动机底座边缘 100～500 mm。

2. 设备开箱检查

(1) 设备到场后，监理建设单位代表、供货方及施工单位共同进行开箱检查，并做好开箱检查记录。

(2) 按照设备清单技术文件，对设备及其附件、备件的规格、型号、数量进行详细核对。

(3) 电动机、电加热器、电动执行机构本体、控制和启动设

备外观检查应无损伤及变形，油漆完好。

（4）电动机、电加热器、电动执行机构本体、控制和启动设备应符合设计要求，并应有合格证件，设备应有铭牌。

3. 安装前的检查

（1）盘动转子不得有卡阻及异常声响。定子和转子分箱装运的电动机，其铁芯转子和轴颈应完整、无锈蚀现象。

（2）润滑脂情况应正常，无变色、变质及硬化等现象。其性能应符合电动机工作条件的要求。

（3）测量滑动轴承电动机的空气间隙，其不均匀度应符合产品的规定，若无规定时，各点空气间隙与平均空气间隙之比宜为±5%。

（4）电动机的引出线接线端子焊接或压接良好，且编号齐全，裸露带电部分的电气间隙应符合产品标准的规定。

（5）绕线式电动机应检查电刷的提升装置，提升装置应有“启动”“运行”的标志，动作顺序应是先短路集电环，后提起电刷。

（6）电动机的附件、备件齐全无损伤。

三、电动机的安装

1. 电动机的安装要求

（1）地脚螺栓应与混凝土基础牢固地结合成一体，浇灌前预留孔应清洗干净，螺栓本身不应歪斜，机械强度应满足要求。

（2）安装电动机垫铁一般不超过三块，垫铁与基础面接触应严密，电动机底座安装完毕后进行二次灌浆。

（3）采用皮带传动的电动机轴及传动装置轴的中心线应平行，电动机及传动装置的皮带轮，自身垂直度全高不超过0.5 mm，两轮的相应槽应在同一直线上。

（4）采用齿轮传动时，圆齿轮中心线应平行，接触部分不应小于齿宽的2/3，伞形齿轮中心线应按规定角度交叉，咬合程度应一致。

（5）采用靠背轮传动时，轴向与径向允许误差，弹性连接的不应小于 0.05 mm，钢性连接的不大于 0.02 mm。互相连接的靠背轮螺栓孔应一致，螺帽应有防松装置。

2. 电刷的刷架、刷握及电刷的安装

（1）同一组刷握应均匀排列在与轴线平的同一直线上。

（2）刷握的排列，应使相邻不同极性的一对刷架彼此错开，以使换向器均匀的磨损。

（3）各组电刷应调整在换向器的电气中性线上。

（4）带有倾斜角的电刷，其锐角尖应与转动方向相反。

（5）电刷架及其横杆应固定紧固，绝缘衬管和绝缘垫应无损伤、污垢，并应测量其绝缘电阻。

（6）电刷的铜编带应连接牢固、接触良好，不得与转动部分或弹簧片相碰撞，带有绝缘垫的电刷，绝缘垫应完好。

（7）电刷在刷握内应能上下自由移动，电刷与刷握的间隙应符合厂方规定，一般为 0.1～0.2 mm。

（8）定子和转子分箱装运的电动机，安装转子时，不可将吊绳绑在滑环、换向器或轴颈部分。

（9）用 1 000 V 摇表测定电动机绝缘电阻值不应小于 0.5 MΩ。100 kW 以上的电动机，应测量各相直流电阻值，相互差不应大于最小值的 2%。无中性点引出的电动机，测量线间直流电阻值，相互差值不应大于最小值的 1%。

（10）电动机的换向器或集电环应符合下列要求：

①表面应光滑无毛刺、黑斑、油垢。当换向器的表面不平程度达到 0.2 mm 时，应进行车光。

②换向器片间绝缘应凹下 0.5～1.5 mm。整流片与绕组的焊接应良好。

3. 抽芯检查

（1）除电动机随带技术文件说明不允许在施工现场抽芯检查外，当电动机有下列情况之一时，应做抽芯检查。

出厂日期超过制造厂保证期限时；当制造厂无保证期限，出厂日期已超过 1 年时；经外观检查或电气试验，质量可疑时；

开启式电动机经端部检查可疑时；试运转时有异常情况。

（2）抽芯检查应符合下列要求。

①电动机内部清洁无杂物。电动机的铁芯、轴颈、集电环和换向器应清洁，无伤痕和锈蚀现象，通风口无堵塞。绕组绝缘层应完好，绑线无松动现象。定子槽楔应无断裂、凸出和松动现象，每根槽楔的空隙长度不得超过其 1/3，端部槽楔必须牢固。

②转子的平衡块及平衡螺钉应紧固锁牢，风扇方向应正确，叶片无裂纹。

③磁极及铁轭固定良好，励磁绕组紧贴磁极，不应松动。

④笼型电动机转子铜导电条和端环应无裂纹，焊接应良好；浇铸的转子表面应光滑平整。导电条和端环不应有气孔、缩孔、夹渣、裂纹、细条、断条和浇注不满等现象。

⑤电动机绕组应连接正确，引线焊接良好。

⑥直流电动机的磁极中心线与几何中心线应一致。

⑦电动机的滚动轴承工作面应光滑清洁，无麻点、裂纹或锈蚀，滚动体与内外圈接触良好，无松动。加入轴承内的润滑脂应填满内部空隙的 2/3，同一轴承内不得填入不同品种的润滑脂。

4. 电动机干燥

（1）电动机由于运输、保存或安装后受潮，绝缘电阻或吸收比达不到规范要求，应进行干燥处理。

（2）在进行电动机干燥前，应根据电动机受潮情况编制干燥方案。

（3）烘干温度要缓慢上升，中、小型温升速度为 5～8 ℃/h，铁芯和线圈的最高温度应控制在 70～80 ℃。

（4）当电动机绝缘电阻值达到规范要求时，在同一温度下经 5 h 稳定不变时，方可认为干燥完毕。

（5）干燥方法如下。

①电阻器干燥法。利用大型电动机下面的通风道内放置电阻箱，通风加热干燥电动机。

②灯泡照射干燥法。灯泡采用红外线灯泡或一般灯泡，把转

子取出来，把灯泡放在定子内，通电照射。温度高低的调节，可用改变灯泡瓦数来实现。

③电流干燥法。采用低电压，用变阻器调节电流，其电流大小宜控制在电动机额定电流的60%以内，并用测温计随时监测干燥温度。

5. 控制、启动和保护设备安装

（1）电动机的控制和保护设备安装前应检查是否与电动机容量相符，安装按设计要求进行，一般应装在电动机附近。

（2）引至电动机接线盒的明敷导线长度应小于0.3 m，并应加强绝缘保护，易受机械损伤的地方应套保护管。

（3）直流电动机、同步电动机与调节电阻回路及励磁回路的连接，应采用铜导线，导线不应有接头。调节电阻器应接触良好，调节均匀。

（4）电动机应装设过流和短路保护装置，并应根据设备需要装设相序断相和低电压保护装置。

（5）电动机保护元件的选择如下。

①采用热元件时按电动机额定电流的1.1～1.25倍来选。

②采用熔丝（片）时按电动机额定电流的1.5～2.5倍来选。

6. 电动机的接线

（1）电动机的接线应按产品技术文件进行连接，连接相序应正确，符合技术文件要求，接线应牢固，绝缘应可靠。

（2）电动机接线端子与导线接线端子必须连接紧密不受外力，连接用紧固件的锁紧装置完整齐全。在电动机的接线盒内裸露的不同导线间和导线对地间距离必须符合电气的安全规定。

（3）接地（PE）线或接零（PEN）线应连接牢固，截面及连接部位符合设计或产品要求。

7. 试运行前的检查

（1）电动机本体安装检查结束，启动前应进行的试验项目，已按现行国家标准试验合格。

（2）冷却、调速、润滑、水、氢、密封油等附属系统安装完

毕，验收合格，各部试运行情况良好。

(3) 电动机的保护、控制、测量、信号、励磁等回路的调试完毕，动作正常。

(4) 多速电动机的接线、极性应正确。联锁切换装置应动作可靠，操作程序应符合产品技术条件规定。

(5) 测定电动机定子绕组、转子绕组及励磁回路的绝缘电阻，应符合要求。有绝缘的轴承座的绝缘板、轴承座及台板的接触应清洁干燥，使用 1 000 V 兆欧表测量，绝缘电阻值不得小于 0.5 MΩ。

(6) 电刷与换向器或集电环的接触应良好。

(7) 盘动电动机转子时应转动灵活，无碰卡现象。

(8) 电动机引出线应相序正确，固定牢固，连接紧密。

(9) 电动机外壳油漆应完整，接地良好。

(10) 照明、通信、消防装置应齐全。

8. 试运行

(1) 电动机宜在空载情况下作第一次启动，空载运行时间宜为2 h，并记录电动机的空载电流。

(2) 电动机试运行通电后，如发现电动机不能启动或启动时转速很低、声音不正常等现象，应立即断电检查原因。

(3) 启动多台电动机时，应按容量从大到小逐台启动，严禁同时启动。

(4) 电动机试运行中应进行下列检查。

①电动机的旋转方向符合要求，无异声。

②换向器、集电环及电刷的工作情况正常。

③检查电动机各部分温度，不应超过产品技术条件的规定。

④滑动轴承温度不应超过 80 ℃，滚动轴承不应超过 95 ℃。

(5) 电动机振动的双倍振幅值不应大于表 5-12 的规定。

(6) 交流电动机的带负荷启动次数，应符合产品技术条件的规定，当产品技术条件无规定时，可符合下列规定。

①在冷态时，可启动 2 次，每次间隔时间不得小于 5 min。

②在热态时，可启动1次。当在处理事故以及电动机启动时间不超过2～3 s时，可再启动1次。

表5-12 电动机振动的双倍振幅值

同步转速(r/min)	3 000	1 500	1 000	750及以下
双倍振幅值/mm	0.05	0.085	0.10	0.12

四、低压熔断器的安装

(1) 低压熔断器的型号、规格应符合设计要求，各级熔体应与保护特性相配合。用于保护照明和热电电路时，熔体的额定电流大于或等于所有电具额定电流之和；用于单台电机保护时，熔体的额定电流大于或等于(2.5～3.0)×电动机的额定电流；用于多台电动机保护时，熔体额定电流大于或等于(2.5～3.0)×最大容量一台额定电流＋其余各台的额定电流。

(2) 低压断路器的安装应符合产品技术文件以及施工验收规范的规定。低压断路器宜垂直安装，其倾斜度不应大于5°。

(3) 低压断路器与熔断器配合使用时，熔断器应安装在电源一侧。

(4) 操作机构的安装，应符合以下要求。

①操作手柄或传动杠杆的开、合位置应正确。操作用力应不大于技术文件的规定值。

②电动操作机构接线应正确。在合闸过程中开关不应跳跃。开关合闸后，限制电动机或电磁铁通电时间的连锁装置应即时动作。电动机或电磁铁通电时间不应超过产品的规定值。

③开关辅助接点动作应正确可靠，接触良好。

④抽屉式断路器的工作、试验、隔离3个位置的定位应明显，并应符合产品技术文件的规定。空载时进行抽、拉数次应无卡阻，机械连锁应可靠。

五、配电线路开关的安装

(1) 配电线路开关安装工艺见表5-13。

表 5-13　配电线路开关安装工艺

序号	名称	安装工艺
1	刀开关	1. 刀开关应垂直安装在开关板上，确保静触头在上方，电源线应接在静触头上，负载线应接在动触头上 2. 刀开关在合闸时，应保证相位刀片同时合闸，刀片与夹座接触严密。分闸应使相位刀片同步断开，必须保证断开后有一定的绝缘距离
2	负荷开关	1. 负荷开关应垂直安装，手柄向上合闸，严禁倒装或平装 2. 接线必须将电源线接在开关上方的进线接线座上，负载线接在下方的出线座上。接线时应将螺钉拧紧尽量减小接触电阻，以免过热损伤导线的绝缘层 3. 安装时要保证刀片和夹座位置正确，不得歪扭。刀片和夹座接触紧密，夹座保持足够的压力 4. 熔丝的型号、规格必须符合设计要求
3	铁壳开关	1. 铁壳开关应垂直安装。安装高度常规是距离地面 1 300～1 500 mm，以方便操作和确保安全为准则 2. 金属部分必须做接地或接零，电阻值应符合设计要求 3. 开关的铁壳进出线孔应设有保护绝缘垫圈。如采用穿管敷线时，管子应穿入进出线孔，并用管扣螺母拧紧，紧出螺纹为 2～4 扣，也可采用金属软管缓冲连接，金属软管的两端接头必须固定牢靠。接线方式有两种： 将电源线与开关的静触头相接，负载接开关熔丝下的下柱端头上，在开关拉断后，闸刀与熔丝不带电，确保操作安全；将电源线接在熔丝下柱端头上，负载接在静触头上，这种接线方式在开关的闸刀发生故障时熔丝熔断，可立即切断电源 4. 熔丝的型号、规格必须符合设计要求
4	组合开关	1. 组合开关安装，应装手柄保持水平旋转位置上 2. 触头接触应紧密可靠

（2）隔离开关与刀开关的安装。

①开关应垂直安装在开关板上（或控制屏、箱上），并应使夹座位于上方。

②开关在不切断电流、有灭弧装置或用于小电流电路等情况

下，可水平安装。水平安装时，分闸后可动触头不得自行脱落，其灭弧装置应固定可靠。

③可动触头与固定触头的接处应密合良好。大电流的触头或刀片宜涂电力复合脂。有消弧触头的闸刀开关，各相的分闸动作应迅速一致。

④双投刀开关在分闸位置时，刀片应固定可靠，不得自行合闸。

⑤安装杠杆操作机构时，应调节杠杆长度，使操作倒位、动作灵活、开关辅助接点指示应正确。

⑥开关的动触头与两侧压板距离应调整均匀，合闸后应接触而压紧，刀片与静触头中心线应在同一平面内，刀片不应摆动。

闸刀开关作为隔离开关时，合闸顺序为先闭合闸刀开关，再闭合其他用以控制负载的开关，分闸顺序则相反。

闸刀开关应严格按照技术文件（产品说明书）规定的分断能力来分断负荷，无灭弧罩的闸刀开关常规不允许分断负载，否则，有可能导致稳定持续燃弧，使闸刀开关寿命缩短，严重的还会造成电源短路，开关烧毁，甚至酿成火灾。

（3）直流母线隔离开关的安装。

①无论是垂直安装还是水平安装的母线隔离开关，其刀片应垂直于板面。在建筑构件上安装时，刀片底部与基础间的距离应不小于 50 mm。

②开关动触片与两侧压板的距离应调整均匀。合闸后，接触面应充分压紧，刀片不得摆动。

③刀片与母线直接连接时，母线固定端必须牢固。

（4）试运行。

①转换开关和倒顺开关安装后，其手柄位置的指示应与相应的接触片位置相对应。定位机构应可靠。所有的触头在任何接通位置上应接触良好。

②带熔断器或灭弧装置的负荷开关接线完毕后经过检查，熔断器应无损伤，灭弧栅应完好，并固定可靠。电弧通道应畅通、灭弧触头各相分闸应一致。

六、漏电保护器的安装

1. 漏电保护器的选用

（1）根据配电线路的情况选用漏电保护器，见表 5-14。

表 5-14 根据配电线路的情况选用漏电保护器

序号	线路状况	选用类型
1	新线路	选用高灵敏度漏电开关
2	线路较差	选用中灵敏度漏电开关
3	线路范围小	选用高灵敏度漏电开关
4	线路范围大	选用中灵敏度漏电开关

（2）根据气候条件和使用场所选用漏电保护器，见表5-15和表 5-16。

（3）根据保护对象选用漏电保护器，见表 5-17。

表 5-15 根据气候条件选用漏电保护器

序号	气候条件	选用类型
1	干燥型	选用高灵敏度漏电开关
2	潮湿型	选用中灵敏度漏电开关
3	雷雨季节长	选用冲击波不动作型漏电开关或漏电继电器
4	梅雨季节	选用漏电动作电流能分级调整的冲击波不动作型漏电开关或漏电继电器

表 5-16 根据使用场所选用漏电保护器

序号	使用场所	选用类型	作用
1	电动工具、机床、潜水泵等单独设备的保护 分支回路保护 小规模住宅主回路的全面保护	额定漏电动作电流在 30 mA 以下，漏电动作时间小于 0.1 s 的高灵敏度高速型漏电开关	防止一般设备漏电引起的触电事故 在设备接地效果非甚佳处防止触电事故 防止漏电引起的火灾

(续表)

序号	使用场所	选用类型	作用
2	分支电路保护 需提高设备接地保护效果处	额定漏电动作电流为50～500 mA，动作时间小于0.1 s的中灵敏度高速型漏电开关或漏电继电器	容量较大设备的回路漏电保护 在设备的电线需要穿管子，并以管子作接地极时，防止漏电引起的事故 防止由于漏电而引起火灾
3	干线的全面保护 在分支电路中装设高灵敏度、高速型漏电开关以实现分级保护处	额定漏电动作电流为50～500 mA，漏电动作时间有延时的中灵敏度延时型漏电开关或漏电继电器	设备回路的全面漏电保护 与高速型漏开关配合，以形成对整个电网更加完善的保护 防止漏电引起的火灾

表 5-17 根据保护对象选用漏电保护器

序号	保护对象	选用类型
1	单台电动机	选用兼具电动机保护特性的高度灵敏高速型漏电开关 单台用电设备
2	单台用电设备	选用同时具有过载、短路及漏电 3 种保护特性的高灵敏度高速型漏电开关
3	分支电路	选用同时具有过载、短路及漏电 3 种保护特性的中灵敏度高速型漏电开关
4	家用线路	选用额定电压为 220 V 的高灵敏度高速型漏电开关
5	分支电路与照明电路混合系统	选用四极高速型高（或中）灵敏度漏电开关
6	主干线总保护	选用大容量漏电开关或漏电继电器
7	变压器低压侧总保护	选用中性点接地式漏电开关
8	有主开关的变压器低压侧总保护	选用中性点接地式漏电继电器

2. 电路配线保护技术措施

（1）三相四线制供电的配电线路中，各项负荷均匀分配，每个回路中的灯具和插座数量不宜超过25个（不包括花灯回路），且应设置15 A及以下的熔线保护。

（2）三相四线制TN系统配电方式，N线应在总配电箱内或在引入线处做好重复接地。PE（专用保护线）与N（工作中性线）应分别与接地线相连接。N（工作中性线）进入建筑物（或总配电箱）后严禁与大地连接，PE线应与配电箱及三孔插座的保护接地插座相连接。

（3）建筑物内PE线最小截面面积不应小于表5-18规定的数值。

表5-18　专用保护（PE）线截面面积

相线截面面积 S/mm^2	PE线最小截面面积 Sp/mm^2	相线截面面积 S/mm^2	PE线最小截面面积 Sp/mm^2
$S \leqslant 16$ $16 < S \leqslant 35$	5 16	$S > 35$	$S/2$

3. 漏电保护器的安装与调试

（1）漏电保护器的安装，如图5-18所示。漏电保护器用来对有生命危险的人身触电进行保护，并防止因电器或线路漏电而引起事故，其安装应符合以下要求。

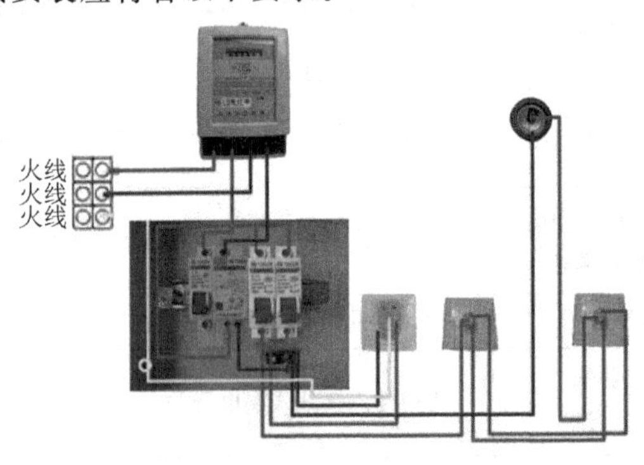

图5-18　漏电保护器的安装

①住宅常用的漏电保护器及漏电保护自动开关安装前，首先

应经国家认证的法定电器产品检测中心，按国家技术标准试验合格后方可安装。

②漏电保护自动开关前端 N 线上不应设有熔断器，以防止 N 线保护熔断后相线漏电，漏电保护自动开关不动作。

③按漏电保护器产品标志进行电源侧和负载侧接线。

④在带有短路保护功能的漏电保护器安装时，应确保有足够的灭弧距离。

⑤漏电保护器应安装在特殊环境中，必须采取防腐、防潮、防热等技术措施。

（2）漏电保护器的调试。电流型漏电保护器安装后，除应检查接线无误外，还应通过按钮试验，检查其动作性能是否满足要求。

（3）接触器的安装。

①接触器的型号、规格应符合设计要求，并应有产品质量合格证和技术文件。

②安装之前，首先应全面检查接触器各部件是否处于正常状态，主要是触头接触是否正常，有无卡阻现象。铁芯极面应保持洁净，以保证活动部分自由灵活地工作。

③引线与线圈连接牢固可靠，触头与电路连接正确。接线应牢固，并应做好绝缘处理。

④接触器的安装应与地面垂直，倾斜度不应超过 5°。

七、启动器的安装

（1）启动器应垂直安装，工作活动部件应动作灵活可靠，无卡阻。

（2）启动衔铁吸合后应无异常响声，触头接触紧密，断电后应能迅速脱开。

（3）可逆电磁启动器防止同时吸合的连锁装置动作正确、可靠。

（4）接线应正确。接线应牢固、裸露线芯应做好绝缘处理。

（5）启动器的检查、调整。

①启动器接线应正确。电动机定子绕组的正常工作应为三角形联结。

②手动操作的星形、三角形启动器，应在电动机转速接近运行转速时进行切换。自动转换的启动器应按电动机负载的要求正确调节延时装置。

(6) 自耦减压启动器的安装，应符合以下要求。

①启动器应垂直安装。

②油浸式启动器的油面必须符合标定油面线的油位。

③减油抽头在65%～80%额定电压下，应按负载要求进行调整。启动时间不得超过自耦减压启动器允许的启动时间。

④连续启动累计或一次启动时间接近最大允许启动时间时，应待其充分冷却后方能再次启动。

(7) 手动操作启动器的触头压力，应符合产品技术文件要求及技术标准的规定值，操作应灵活。

(8) 接触器与启动器均应进行通断检查。对用于重要设备的接触器或启动器还需检查其启动值是否符合产品技术文件的规定。

变阻式启动器的变阻器安装后，应检查其电阻切换程序。触头压力、灭弧装置及启动值，应符合设计要求或产品技术文件的规定。

八、继电器的安装

(1) 继电器的型号、规格应符合设计要求。因为继电器是根据一定的信号（电压、电流、时间）来接通和断开电路的电器，在电路中通常用来接通和断开接触器的吸引线圈，以达到控制或保护用电设备的目的。所以，继电器有按电压信号动作和电流信号动作之分。电压继电器及电流继电器都是电磁式继电器。通常按电路要求控制的触头较多，需选用一种多触头的继电器，以其扩大控制工作范围。

(2) 继电器可动部分的动作应灵活、可靠。

(3) 表面污垢和铁心表面的防腐剂应清除干净。

(4) 安装时必须试验端子确保接线相位的准确性。固定螺栓加套绝缘管，安装继电器（图5-19）应保持垂直，固定螺栓应加橡胶垫圈和防松垫圈进行紧固。

图 5-19 继电器的安装

第四节 线路敷设

一、导线的连接

1. 导线的切剥

剥削线芯绝缘常用工具有电工刀、克丝钳和剥皮钳，可进行削、刻及剥削绝缘层。

一般 4 mm^2 以下的导线应优先使用剥皮钳，使用电工刀时，不允许采用刀在导线周围转圈剥削绝缘层的方法，以免破坏线芯。剥削线芯绝缘的方法如图 5-20 所示。

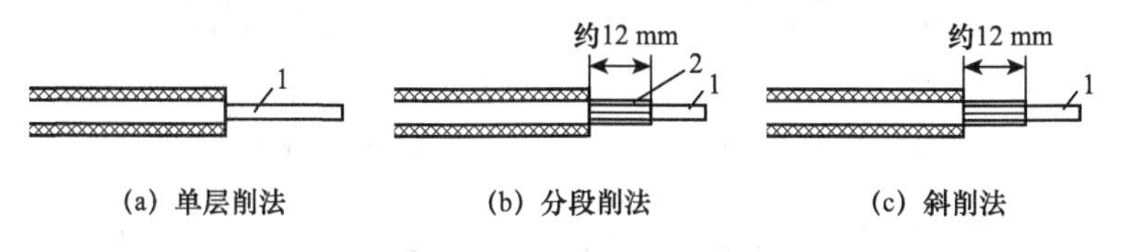

图 5-20 剥削线芯绝缘的方法

1—导体；2—橡胶皮

（1）单层削法。不允许采用电工刀转圈剥削绝缘层，应使用剥皮钳。

（2）分段削法。一般适用于多层绝缘导线剥削，如编制橡胶绝缘导线，用电工刀先削去外层编织层，并留有 12 mm 长的绝缘层，线芯长度随接线方法和要求的机械强度而定。

（3）斜削法。用电工刀以 45°倾斜切人绝缘层，当切近线芯时就应停止用力，接着应使刀子倾斜角度为 15°左右，沿着线芯表面向前头端部推出，然后把残存的绝缘层剥离线芯，用刀口插入背部以 45°角削断。

2. 单芯铜导线的直接连接

单芯铜导线的直接连接，可参照图 5-21 处理，所有铜导线连接后均应挂锡，防止氧化及增加电导率。

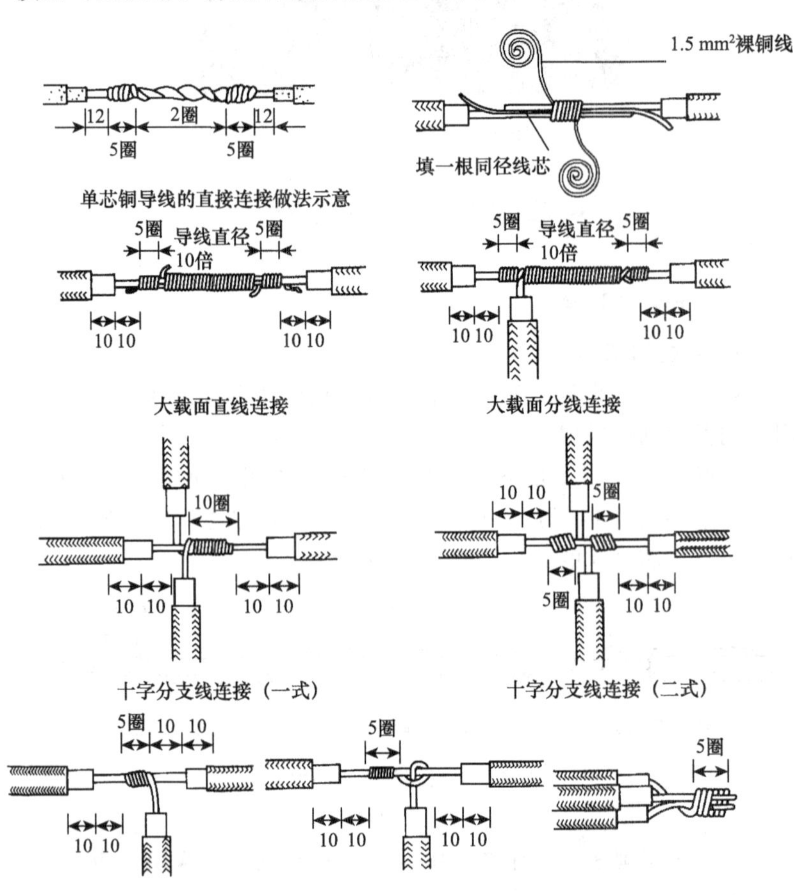

图 5-21　单芯铜导线的直接连接

3. 多芯铜导线的直接连接

多芯铜导线的直接连接可参照图 5-22 处理，所有多芯铜导线连接应挂锡，防止氧化及增加电导率。

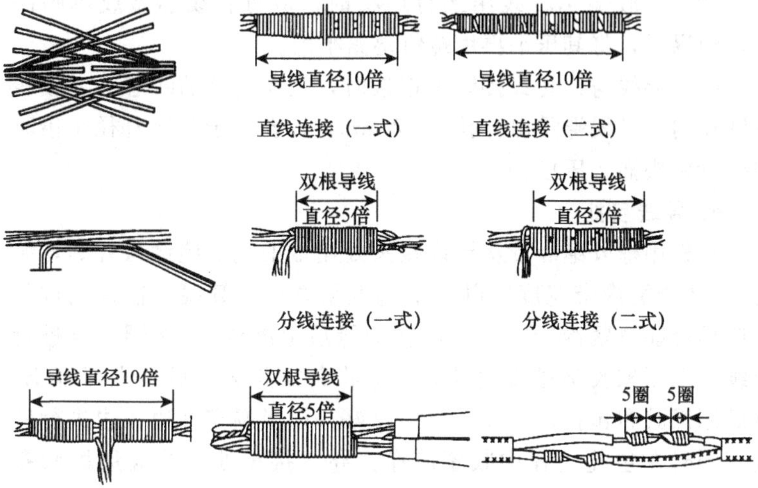

直线连接（一式）　直线连接（二式）

分线连接（一式）　分线连接（二式）

图 5-22　多芯铜导线的直接连接

4. 导线焊接

铝导线焊接前将铝导线线芯破开顺直合拢，用绑线把连接处做临时绑缠，如图 5-23 所示。导线绝缘层处用浸过水的石棉绳包好，以防烧坏。导线焊接所用的焊剂有两种：一种是锌 58.5%、铅 40%、铜 5%的焊剂；另一种是含锌 80%、铅 20%的焊剂（焊剂成分均为质量比），导线焊好后呈蘑菇状。

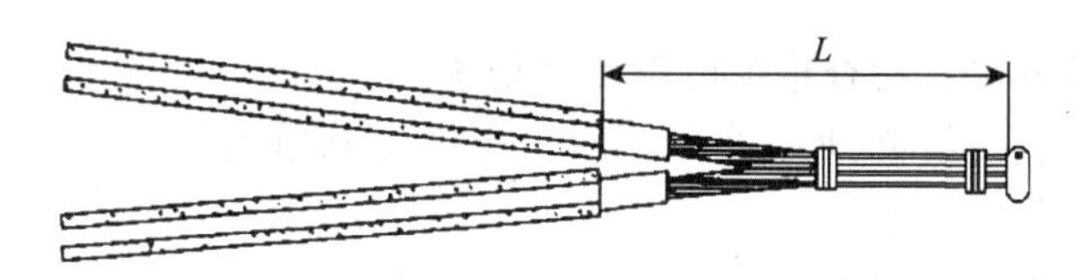

图 5-23　多股铝导线气焊接法

5. 接线端子压接

多股导线可采用与导线同材质且规格相应的接线端子，削去导线的绝缘层，不要碰伤线芯，清除套管、接线端子孔内的氧化膜，涂导电脂将线芯插入，用压接钳压紧，导线外露部分应小于1～2 mm。

（1）单芯线连接时，用十字机螺钉压接，盘圈开口不宜大于 2 mm。按顺时针方向压接。

(2) 多股铜芯将线用螺钉压接时，应将软线芯做成单眼圈状，刷锡后，将其压平再用螺钉垫紧牢固。

(3) 导线与针孔式接线桩连接时，把要连接的线芯插入接线桩针孔内，导线裸露出针孔 1～2 mm，针孔大于导线直径 1 倍时需要折回头插入压接。

6. 导线包扎

首先用橡胶绝缘带从导线接头处始端的完好绝缘层开始，缠绕 1～2 个绝缘带宽度，以半幅宽度重叠进行缠绕，在包扎过程中应尽可能收紧绝缘带。最后在绝缘层上缠绕 1～2 圈，再进行回缠。采用橡胶绝缘带包扎时，应将其拉长 2 倍后再进行缠绕。然后用黑胶布包扎，包扎时要衔接好，以半幅宽度边压边进行缠绕，同时在包扎过程中收紧胶布，导线接头处两端应用黑胶布封严。

7. 质量标准

(1) 主控项目。

①高压电力电缆直流耐压试验必须按《建筑电气工程施工质量验收规范》(GB 50303—2015) 的规定交接试验合格。

检验方法：检查试验记录。

②低压电线、线间和线对地间的绝缘电阻值必须大于 0.5 mΩ。

检验方法：检查绝缘电阻测试记录。

③电线接线必须准确，并联运行电线和电缆的型号、规格、长度、相位应一致。

检验方法：观察检查和检查安装记录。

(2) 一般项目。

①芯线与电气设备的连接应符合下列规定：

a. 截面积在 10 mm^2 及以下的单股铜芯线和单股铝芯线直接与设备、器具的端子连接。

b. 截面积在 2.5 mm^2 及以下的多股铜芯线拧紧、搪锡或接续端子后与设备、器具的端子连接。

c. 截面积大于 2.5 mm^2 的多股铜芯线，除设备自带插接式端子外，接续端子后与设备或器具的端子连接；多股铜芯线与插接式端子连接前，端部拧紧、搪锡。

检验方法：观察检查和检查安装记录。

②电线的芯线连接金具（连接管和端子），规格应与芯线的规格适配，且不得采用开口端子。

检验方法：观察检查。

③电线的回路标记应清晰，编号准确。

检验方法：观察检查。

二、电线导管和线槽敷设

1. 一般规定

（1）电线管路宜沿最近的线路敷设并应减少弯曲。

（2）根据设计图和现场情况加工好各种盒、箱、弯管。钢管摵弯采用冷弯法，一般管径为 20 mm 及以下时，用手扳弯管器；管径为 25 mm 及以上时，使用液压弯管器。管子断口处应平齐不歪斜，光滑无毛刺。管子套丝螺纹应干净清晰，不乱扣、不过长。

（3）以土建弹出的水平线为基准，根据设计图要求确定盒、箱实际尺寸位置，并将盒、箱固定牢固。

（4）管路主要用管箍螺纹连接，套丝不得有乱扣现象。上好管箍后，管口应对严，外露螺纹应不多于 2 扣。套管连接宜用于暗配管，套管长度为连接管径的 1.5～3 倍。连接管口的对口处应在套管的中心，焊口应焊接牢固严密。

（5）管路超过下列长度，应加装接线盒，其位置应便于穿线：无弯时，30 m；有一个弯时，20 m；有两个弯时，15 m；有三个弯时，8 m。

（6）盒、箱开孔应整齐并与管径相吻合，要求一管一孔，不得开长孔。管口入盒、箱，暗配管可用跨接地线焊接固定在盒棱边上，严禁管口与敲落孔焊接，管口露出盒、箱应小于 5 mm。

（7）将堵好的盒子固定牢后敷管，管路每隔 1 m 左右用铅丝绑扎牢。

（8）用 ϕ5 mm 圆钢与跨接地线焊接，跨接地线两端焊接面不得小于该跨接线截面的 6 倍，焊缝均匀牢固，焊接处刷防腐漆。

（9）钢导管管路与其他管路间的最小间距见表 5-19。

表 5-19　钢导管管路与其他管路间的最小间距　（单位：mm）

管路名称	管路敷设方式		最小间距
蒸汽管	平行	管道上	1 000
		管道下	500
蒸汽管	交叉		300
暖气管、热水管	平行	管道上	300
		管道下	200
	交叉		100
通风、给排水及压缩空气管	平行		100
	交叉		50

注：1. 对蒸汽管路，当管外包隔热层后，上下平行距离可减至 200 mm
2. 当不能满足上述最小间距时，应采取隔热措施

2. 钢管暗敷设

（1）钢管质量要求。钢管的壁厚应均匀一致，不应有折扁、裂缝、砂眼、塌陷等现象。内外表面应光滑，不应有折叠、裂缝、分层、搭焊、缺焊、毛刺等现象。切口应垂直、无毛刺，切口斜度不应大于 2°，焊缝应整齐，无缺陷。镀锌层应完好无损，锌层厚度均匀一致，不得有剥落、气泡等现象。

（2）按图画线定位。根据施工图和施工现场实际情况确定管段起始点的位置并标明，并应将盒箱固定，量取实际尺寸。

（3）量尺寸割管。配管前根据图纸要求的实际尺寸将管线切断，大批量的管线切断时，可以采用型钢切割机，利用纤维增强砂轮片切割，操作时用力要均匀、平稳，不能过猛，以免砂轮崩裂。

小批量的钢管一般采用钢锯进行切割。将需要切断的管子放在台虎钳或压力钳的钳口内卡牢，注意切口位置与钳口距离应适宜，不能过长或过短，操作应准确。在锯管时锯条要与管子保持垂直，人要站直，操作时要扶直锯架，使锯条保持平直，手腕不能颤动，当管子快要断时，要减慢速度，平稳锯断。

切断管子也可采用割管器，但使用割管器切断管子，管口易产生内缩，缩小后的管口要用绞刀或锉刀刮光。

（4）套丝。套丝一般采用套丝板来进行，量大的可采用套丝机。管径小于 DN20 的管子应分两板套成，管径大于 DN25 的管子应分三板套成。

套丝时，先将管子固定在台虎钳或压力钳架上，锚紧。根据管子的外径选择好相应的板牙，将绞板轻轻套在管端，调整绞板的 3 个支承脚，使其紧贴管子，这样套丝时不会出现斜丝，调整好绞板后，手握绞板，平稳向里推，带上 2～3 扣后，再站在侧面按顺时针方向转动套丝板。开始时速度应放慢，应注意用力均匀，以免发生偏丝、啃丝的现象，螺纹即将套成时，慢慢松开扳机，开机通板。

进入盒（箱）的管子其套丝长度不宜小于管外径的 1.5 倍，管路间连接时，套丝长度一般为管箍长度的 1/2 加 2～4 扣，需要退丝连接的螺纹长度为管箍的长度加 2～4 扣。

（5）揻弯。管径在 DN25 及其以上的管子应使用液压弯管器，根据管线需要揻成的弧度选择相应的模具，将管子的起弯点对准弯管器的起弯点，然后拧紧夹具，揻出所需的弯度。揻弯时使管外径与弯管器紧贴，以免出现凹凸现象。

管径在 DN25 以下的管子可使用手动弯管器。操作时，先将管子需要弯曲的部分的前段放在弯管器内，管子的焊缝放在弯曲方向的背面或旁边，弯曲时逐渐向后方移动弯管器，使管子弯成所需要的弯曲半径。

焊接钢管可采用热揻法。弯管前将管子一端堵住，灌入干燥的沙子，并随灌随敲打管壁，直至灌满，然后将另一端堵严。弯管时将管子放在火上加热，烧红后揻出所需的角度，随揻随加冷却液，热揻法应掌握好火候。弯管处应无折皱、凹凸和裂缝等现象。

管路的弯扁度应不大于管外径的 1/10，弯曲角度不宜小于 90°，弯曲处不可有折皱、凹凸和裂缝等现象。

暗配管时弯曲半径不应小于管外径的 6 倍，埋设于地下或混凝土楼板时，不应小于管外径的 10 倍。弯管时管子焊缝一般应放在管子弯曲方向的正、侧面交角的 45°线上。

（6）管与盒的连接。在配管施工中，管与盒、箱的连接一般情况采用螺母连接。采用螺母连接的管子必须套好丝，将套好丝

的管端拧上锁紧螺母，插入管外径相匹配的接线盒的敲落孔内，管线要与盒壁垂直，再在盒内的管端拧上锁紧螺母；应避免在左侧管线已带上锁紧螺母，而右侧管线未拧锁紧螺母。带上螺母的管端在盒内露出锁紧螺母螺纹应为2～4扣，不能过长或过短，如采用金属护口，在盒内可不用锁紧螺母，但入箱的管端必须加锁紧螺母。多根管线同时入箱时应注意其入箱部分的管端长度应一致，管口应平齐。

配电箱内如引入管太多时，可在箱内设置一块平挡板，将入箱管口顶在挡板上，待管子用锁紧螺母固定后拆去挡板，这样管口入箱可保持一致高度。

电气设备防爆接线盒的端子箱上，多余的孔应采用丝堵堵塞严密，当孔内垫有弹性密封圈时，弹性密封圈的外侧应设钢制堵板，其厚度不应小于2 mm，钢制堵板应经压盘或螺母压紧。

（7）管与管的连接。

①丝接。丝接的两根管应分别拧进管箍长度的1/2，并在管箍内吻合好，连接好的管子外露螺纹应为2～3扣，不应过长。需退丝连接的管线，其外露螺纹可相应增多，但也应在5～6扣，连接的管线应顺直，螺纹连接紧密，不能脱扣。管箍必须采用通丝管箍。

②套管焊接。套管焊接的方法只可用于暗配厚壁管。套管的内径应与连接管的外径相吻合，其配合间隙以1～2 mm为宜，不得过大或过小，套管的长度应为连接管外径的1.5～3倍，连接时应把连接管的对口处放在套管的中心处，连接管的管口应光滑、平齐，两根管对口相吻合。套管的管口应平齐并焊接牢固，不得有缝隙。

③防爆配管。

a. 防爆钢管敷设时，钢管间及钢管与电气设备应采用螺纹连接，不得采用套管焊接。螺纹连接处应连接紧密牢固，啮合扣数应不少于6扣，并应加防松螺帽牢固拧紧，应在螺纹上涂电力复合脂或导电性防锈脂，不得在螺纹上缠麻或绝缘胶带及涂其他油漆，除设计有特殊要求外，各连接处不可焊接接地线。

b. 防爆钢管管路之间不得采用倒扣连接，当连接有困难时应采用防爆活接头，其结合面应紧贴。防爆钢管与电气设备直接连接若有困难应采用防爆可挠管连接，防爆可挠管应无裂纹、孔洞、机械损伤、变形等缺陷。

c. 爆炸危险场所钢管配线，应使用镀锌水煤气管或经防腐处理的厚壁钢管（敷于混凝土的钢管外壁可不作防腐）。

d. 钢管配线的隔离密封。钢管配线必须设不同形式的隔离密封盒，盒内填充非燃性密封混合填料，以隔绝管路。

e. 管路通过与其他场所相邻的隔墙，应在隔墙任一侧装设横向式隔离密封盒且应将管道穿墙处的孔洞堵塞严密。

f. 管道通过楼板或地坪引入相邻场所时，应在楼板或地坪的上方装设纵向式密封盒，并将楼板或地坪的穿管孔洞堵塞严密。

g. 当管径大于 50 mm，管路长度超过 15 m 时，每 15 m 左右应在适当地点装设一个隔离密封盒。

h. 易积聚冷凝水的管路应装设排水式隔离密封盒。

（8）固定盒、箱。

①盒、箱固定应平整牢固、灰浆饱满，纵横坐标准确，符合设计图和施工验收规范规定。

②砖墙稳埋盒、箱。

a. 预留盒、箱孔洞。根据设计图规定的盒、箱预留具体位置，随土建砌体电工配合施工，在约 300 mm 处预留出进入盒、箱的管子长度，将管子甩在盒、箱预留孔外，管端头堵好，等待最后一管一孔地进入盒、箱，稳埋完毕。

b. 剔洞稳埋盒、箱，再接短管。按画线处的水平线，对照设计图找出盒、箱的准确位置，然后剔洞，所剔孔洞应比盒、箱稍大一些。洞剔好后，先用水把洞内四壁浇湿，并将洞中杂物清理干净。依照管路的走向敲掉盒子的敲落孔，用不低于 M10 水泥砂浆填入洞内将盒、箱稳端正，待水泥砂浆凝固后，再接短管入盒、箱。

c. 组合钢模板、大模板混凝土墙稳埋盒、箱。

一是在模板上打孔，用螺钉将盒、箱固定在模板上；拆模前及时将固定盒、箱的螺钉拆除。

二是利用穿筋盒，直接固定在钢筋上，并根据墙体厚度焊好

支撑钢筋，使盒口或箱口与墙体平面平齐。

d. 滑模板混凝土墙稳埋盒、箱。

一是预留盒、箱孔洞，采取下盒套、箱套，然后待滑模板过后再拆除盒套或箱套，同时稳埋盒或箱体。

二是用螺钉将盒、箱固定在扁铁上，然后将扁铁焊在钢筋上，或直接用穿筋固定在钢筋上，并根据墙厚度焊好支撑钢筋，使盒口平面与墙体平面平齐。

e. 顶板稳埋灯头盒。

一是加气混凝土板、圆孔板稳埋灯头盒。根据设计图标注出灯位的位置尺寸，先打孔，然后由下向上剔洞，洞口下小上大。将盒子配上相应的固定体放入洞中，并固定好吊顶，待配管后用高强度等级水泥砂浆稳埋牢固。

二是现浇混凝土楼板等，需要安装吊扇、花灯或吊装灯具超过 3 kg 时，应预埋吊钩或螺栓，其吊挂力矩应保证承载要求和安全。

f. 隔墙稳埋开关盒、插座盒。如在砖墙泡沫混凝土墙等剔槽前，应在槽两边弹线，槽的宽度及深度均应比管外径大，开槽宽度与深度以大于 1.5 倍管外径为宜。砖墙可用錾子沿槽内边进行剔槽；泡沫混凝土墙可用手提切割机锯成槽的两边后，再剔成槽。剔槽后应先稳埋盒，再接管，管路每隔 1 m 左右用镀锌铁丝固定好管路，最后抹灰并抹平齐。如为石膏圆孔板时，宜将管穿入板孔内并敷至盒或箱处。

在配管时应与土建施工配合，尽量避免切割剔凿，如果发生需切割剔凿墙面敷设线管，需剔槽的深度、宽度应合适，不可过大、过小，管线敷设好后，应在槽内用管卡进行固定，再抹水泥砂浆，管卡数量应依据管径大小及管线长度而定，不需太多，以固定牢固为标准。

(9) 管路接地。

①管子与管子（采用套管焊接除外）、管子与配电箱及接线盒等连接处都应做系统接地。接地的方法一般是连接处焊上跨接地线，或用螺栓及配套接地卡子进行连接。

②管路应做整体接地连接，穿过建筑物变形缝时，应有接地

补偿装置。可采用跨接或卡接，以使整个管路形成一个电气通路。

③镀锌钢管应用专用接地线卡连接，不得采用熔焊连接地线。

④地线的焊接长度要达到接地线直径6倍以上。钢管与配电箱的连接地线，为便于检修，可先在钢管上焊一专用接地螺栓，然后用接地导线与配箱可靠连接。跨接线的直径可参照表5-20。

表5-20　跨接线选择表　（单位：mm）

公称直径		跨接线	
电线管	钢管	圆钢	扁钢
≤32	≤25	ϕ6	—
40	32	ϕ8	—
50	40～50	ϕ10	—
70～80	70～80	—	25×4

（10）管路补偿。管路在通过建筑物的变形缝时，应加装管路补偿装置。

管路补偿装置是在变形缝的两侧对称预埋一个接线盒，用一根短管将两接线盒相邻面连接起来，短管的一端与一个盒子固定牢固，另一端伸入另一盒内，且此盒上的相应位置的孔要开长孔，长孔的长度不小于管径的2倍。如果该补偿装置在同一轴线墙体上，则可有拐角箱作为补偿装置，如不在同一轴线上则可用直筒式接线箱进行补偿。

管路补偿做法可参照图5-24和图5-25所示。

（11）管路防腐处理。

①在各种砖墙内敷设的管路，应在跨接地线的焊接部位，丝接管线的外露丝部位及焊接钢管的焊接部位，须刷防腐漆。

②焦砟层内的管路应在管线周围打50 mm的混凝土保护层进行保护。

③直埋入土壤中的钢管也需用混凝土保护，如不采用混凝土保护时，可刷沥青漆进行保护。

④埋入有腐蚀性或潮湿土壤中的管线，如为镀锌管丝接，

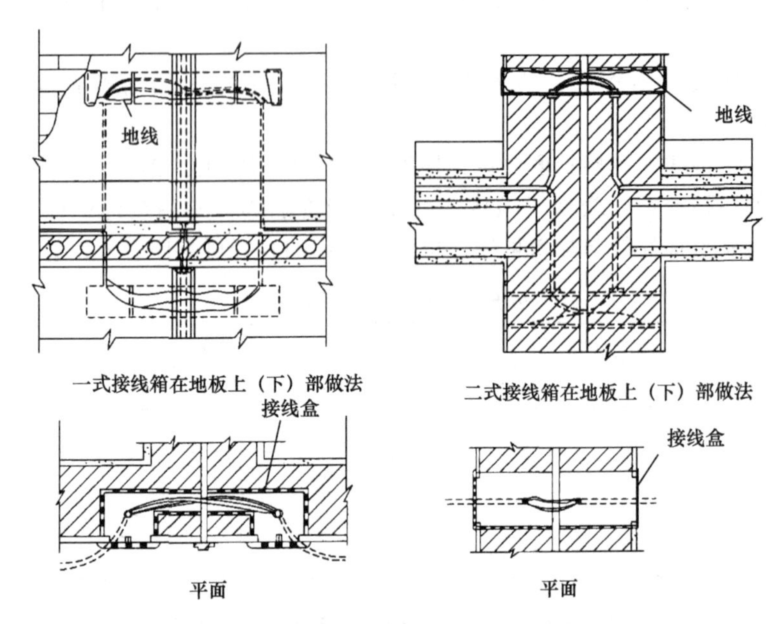

图 5-24　暗配管线遇到建筑伸缩缝时的做法示意

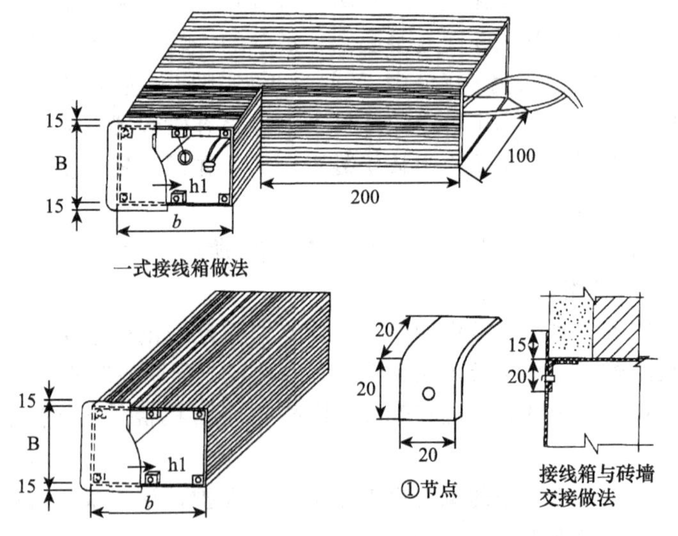

图 5-25　建筑伸缩沉降缝处转角接线箱做法示意（mm）

应在丝头处抹铅油缠麻，然后拧紧丝头；如为非镀锌管件，应刷沥青漆油后缠麻，然后再刷一道沥青漆。

3. 钢管明敷设

（1）明配管敷设基本要求。

①明配管弯曲半径一般不小于管外径的 6 倍，如只有一个弯时应不小于管外径的 4 倍。

②根据设计首先测出盒箱与出线口的准确位置，然后按照安装标准的固定点间距要求确定支、吊架的具体位置，固定点的距离应均匀，管卡与终端、转弯中点、电气器具或箱盒边缘的距离为 150～500 mm。钢管中间管卡的最大距离：ϕ15～ϕ20 时为 1.5 m，ϕ25～ϕ32 时为 2 m。

③明制箱盒安装应牢固平整，开孔整齐并与管径相吻合，要求一管一孔。钢管进入灯头盒、开关盒、接线盒及配电箱时，露出锁紧螺母的螺纹为 2～4 扣。

④钢管与设备连接时，应将钢管敷设到设备内。如不能直接进入时，在干燥房间内，可在钢管出口处加装保护软管引入设备；在潮湿房间内，可采用防水软管或在管口处装设防水弯头再套绝缘软管保护，软管与钢管、软管与设备之间的连接应用软管接头连接，长度不宜超过 1 m。钢管露出地面的管口距地面高度应不小于 200 mm。

⑤吊顶内管路敷设。在灯头测定后，用不少于 2 个螺钉（栓）把灯头盒固定牢，管路应敷设在主龙骨上边，管入箱、盒须槭等差弯，并应里外带锁紧螺母。

管路主要采用配套管卡固定，固定间距不小于 1.5 m。吊顶内灯头盒至灯位采用金属软管过渡，长度不宜超过 0.5 m，其两端应使用专用接头。吊顶内各种盒、箱的安装口方向应朝向检查口以利于维护检查。

⑥支架固定点的距离应均匀，管卡与终端、转弯中点、电气器具或接线盒边缘，固定距离均应为 150～300 mm。管路中间的固定点间距离应小于表 5-21 的规定。

表 5-21　钢管中间管卡最大距离　(单位：mm)

钢管名称	钢管直径			
	15～20	25～30	40～50	65～100
厚壁钢管	1 500	2 000	2 500	3 500
薄壁钢管	1 000	1 500	2 000	—

⑦盒、箱、盘配管应在箱、盘 100～300 mm 处加稳固支架，将管固定在支架上，盒管安装应牢固平整，开孔整齐并与管径相吻合。要求一管一孔，不得开长孔。铁制盒箱严禁用电气焊开孔。

(2) 放线定位。根据设计图纸确定明配钢管的具体走向和接线盒、灯头盒、开关箱的位置，并注意尽量避开风管、水管，放好线，然后按照安装标准规定的固定点间距的尺寸要求，计算确定支架、吊架的具体位置。

(3) 支架、吊架预制加工。支架、吊架应按设计图要求进行加工。支架、吊架的规格设计无规定时，应不小于以下规定：扁钢支架 30 mm×3 mm；角钢支架 25 mm×25 mm×3 mm；埋设支架应有燕尾，埋设深度应不小于 120 mm。

(4) 管路敷设。

①检查管路是否畅通，去掉毛刺，调直管子。

②敷管时，先将管卡一端的螺钉（栓）拧进一半，然后将管敷设在管卡内，逐个拧牢。使用铁支架时，可将钢管固定在支架上，不可将钢管焊接在其他管道上。

③水平或垂直敷设明配管允许偏差值：管路在 2 m 以下时，偏差为 3 mm，全长范围内不应超过管子内径的 1/2。

④管路连接：明配管一律采用丝接。

⑤钢管与设备连接应将钢管敷设到设备内，如不能直接进入时，应符合下列要求：

a. 在干燥房屋内，可在钢管出口处加保护软管引入设备，管口应包缠严密。

b. 在室外或潮湿房间内，可在管口处装设防水弯头，由防水弯头引出的导线应套绝缘保护软管，经弯成防水弧度后再引入设备。

c. 管口距地面高度一般不低于 200 mm。

⑥金属软管引入设备时，应符合下列要求：

a. 金属软管与钢管或设备连接时，应采用金属软管接头连接，长度不宜超过 1 m。

b. 金属软管用管卡固定，其固定间距不应大于 1 m，不得利用金属软管作为接地导体。

⑦配管必须到位，不可有裸露的导线无管保护。

（5）接地线连接。明配管接地线，与钢管暗敷设相同，但跨接线应紧贴管箍，焊接或管卡连接应均匀、美观、牢固。

（6）防腐处理。螺纹连接处、焊接处均应补刷防锈漆，面漆按设计要求涂刷。

4. 吊顶内、护墙板内管路敷设

吊顶内、护墙板内管路敷设的固定参照明配管施工工艺；连接、弯度、走向等参照暗配管施工，接线盒可使用暗盒。

会审时要与通风暖卫等专业协调并绘制大样图，经审核无误后，在顶板或地面进行弹线定位。如吊顶是有格块线条的，灯位必须按格块分均，护墙板内配管应按设计要求，测定盒、箱位置，弹线定位，如图 5-26 所示。

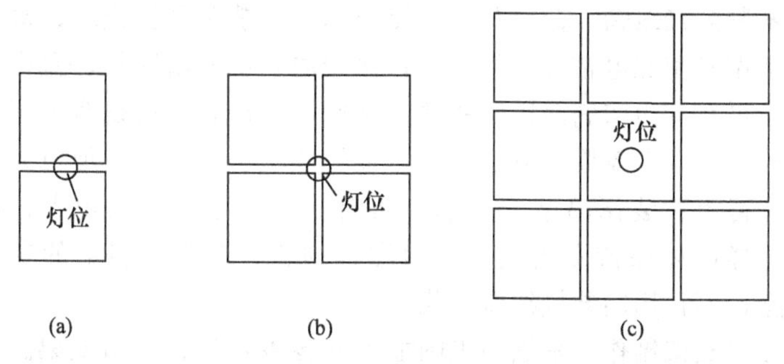

图 5-26 弹线定位

灯位测定后，用不少于 2 个螺钉（栓）把灯头盒固定牢。如有防火要求，可用防火棉、毡或其他防火措施处理灯头盒。无用的敲落孔不应敲掉，已脱落的要补好。

管路应敷设在主龙骨的上边，管入盒、箱必须揻灯叉弯，并

应里外带锁紧螺母。采用内护口，管进盒、箱以内锁紧螺母平为准。固定管路时，如为木龙骨可在管的两侧钉钉，用铅丝绑扎后再把钉钉牢；如为轻钢龙骨可采用配套管卡和螺钉（栓）固定，或用铆钉固定。直径 25 mm 以上和成排管路应单独设支架。

管路敷设应牢固畅顺，禁止做拦腰管或绊脚管。遇有长丝接管时，必须在管箍后面加锁紧螺母。管路固定点的间距不得大于 1.5 m，受力灯头盒应用吊杆固定，在管进盒处及弯曲部位两端 15～30 cm处加固定卡固定。

吊顶内灯头盒至灯位可采用阻燃型普利卡金属软管过渡，长度不宜超过 1 m。其两端应使用专用接头。吊顶内各种盒、箱的安装，盒、箱口的方向应朝向检查口以利于维修检查。

5. 套接紧定式钢导管敷设

（1）放线测位。暗装箱、盒预埋时需一次定位准确。在间隔墙上定位时，可以参照土建装修施工预放的统一水平线。在混凝土墙、柱内预留接线盒、箱时，除参照钢筋上的标高外，还应和土建施工人员联系定位，用经纬仪测定总标高，以确定室内各点地坪线。安装现浇混凝土墙板内的箱、盒时，可在箱、盒背后另加设 $\phi6$ 钢筋套圈，以稳定箱、盒位置，使箱、盒能被模板紧紧地夹牢，不易移位。

木制品接线箱、盒开孔必须使用木钻，铁制品接线箱、盒开孔必须用专用配电箱开孔器开孔；穿线时，应先清除箱、盒内的灰渣，再在盒内壁刷两道防锈漆。穿好导线后，用接线盒盖把盒子临时盖好，盒盖周边应小于圆木或插座板、开关板，但应大于盒子。待土建装修喷浆完成后，再拆去盒子盖，安装电器、灯具，这样可以保持盒内卫生。明配管的箱、盒应用明配的专用箱、盒，不得用暗装接线盒替代。

（2）支架制作。根据施工图加工好各种弯管、盒箱支架。套接紧定式钢导管，管路明敷设时，支架、吊架的规格应符合设计要求，当设计无要求时，不应小于下列规定：圆钢直径 6 mm；扁钢 30 mm×3 mm；角钢 25 mm×3 mm。

（3）揻弯。用配套的弯管器，一般管径 25 mm 以下可采用冷揻法，管径 32 mm 及以上应采用定型弯管。

(4) 管路敷设。

①套接紧定式钢导管管路垂直敷设时，管内绝缘电线截面应不大于 50 mm²，长度每超过 30 m，应增设固定导线的拉线盒。

②套接紧定式钢导管管路水平或垂直敷设时，其水平或垂直安装的允许偏差为 1.5/1 000，全长偏差不应大于管内径的 1/2。

③套接紧定式钢导管管路明敷时，固定点与终端、弯头中点、电器具或箱盒边缘的距离为 150～300 mm。

④套接紧定式钢导管管路明敷设时，排列应整齐，固定点牢固，间距均匀，其最大间距应符合表 5-22 的要求。

表 5-22　固定点间距　(单位：mm)

敷设方式	钢导管种类	钢导管直径		
		16～20	25～32	40
吊架、支架或沿墙敷设	厚壁钢导管	1.5	2.0	2.5
	薄壁钢导管	1.0	1.5	2.0

⑤套接紧定式钢导管管路敷设时，其弯曲半径不应小于管外径的 6 倍，埋入混凝土内平面敷设时，其弯曲半径不应小于管外径的 10 倍。

⑥套接紧定式钢导管管路埋入墙体或混凝土时，管路与墙体或混凝土表面净距不应小于 15 mm。

⑦套接紧定式钢导管管路暗敷设时，管路固定点应牢固。

敷设在钢筋混凝土墙及楼板的管路，紧贴钢筋内侧与钢筋绑扎固定。直线敷设时，固定点间距不大于 1 m。

在砖墙、砌体墙内的管路，垂直敷设剔槽宽度不宜大于管外皮 5 mm，固定点间距不大于 1 m。连接点外侧一端 200 mm 处，增设固定点。敷设在预制圆孔板上的管路应平顺，紧贴板面，固定点间距不大于 1 m。

⑧套接紧定式钢导管管路进入盒、箱处应顺直，且应采用专用接头固定。

⑨套接紧定式钢导管固定可采用支架、膨胀螺栓、预埋铁件等方式，严禁用木塞固定。

(5) 管路连接。

①套接紧定式钢导管管路连接的紧定螺钉，应采用专用工具操作，不应敲打、切断、折断螺帽，严禁熔焊连接。

②套接紧定式钢导管管路连接处，应涂电力复合脂或导电性防腐脂，两侧连接的管口应平整、光滑、无毛刺、无变形。管材插入套管接触应紧密，且应符合下列规定：

a. 直管连接时，两管口分别插入直管接头中间，紧贴凹槽处两端，用紧定螺钉定位后，进行旋紧至螺帽脱落。

b. 弯曲连接时，弯曲管两端管口分别插入套管接头凹槽处，用紧定螺钉定位后，进行旋紧螺帽脱落。

c. 套接紧定式钢导管管路，当管径为 32 mm 及以上时，连接套管每端的紧定螺钉不应少于 2 个。套接紧定式钢导管管路连接处，管插入连接套管前，插入部分的管端应保持清洁，连接处的缝隙应有封堵措施，连接处紧定螺钉应处于可视部位。

③套接紧定式管道管路与盒箱连接时，应一管一孔，管径与盒箱敲落孔应吻合。管与箱盒的连接处，应采用爪形螺纹帽和螺纹管接头锁紧。

④两根及以上管路与盒箱连接时，排列应整齐，间距均匀。不同管径的管材，同时插入盒箱时，应采取技术措施。

⑤套接紧定式钢导管管路敷设完毕后，管路固定牢固，连接处符合规定，为防止异物进入端头应进行封堵。

(6) 管路接地。套接紧定式钢导管管路敷设及金属附件组成的电线管路，当管与管、管与盒箱连接符合套接式钢导管管路连接的规定时，连接处可不设置跨接地线，管路外壳应有可靠接地。

套接紧定式钢导管管路不应作为电气设备的接地线，与接地线不应熔焊连接。

6. 硬质阻燃塑料管（PVC）敷设

保护电线用的塑料管及其配件必须由经阻燃处理的材料制成，塑料管外壁应有间距不大于 1 m 的连续阻燃标记和制造厂标，且不应敷设在高温和易受机械损伤的场所。

支架、吊架及敷设在墙上的管卡固定点与盒、箱边缘的距离为 150～300 mm，管路中间固定点间距见表 5-23。

表 5-23 管路中间固定点间距 （单位：mm）

<table>
<tr><td rowspan="4">安装方式</td><td colspan="4">支架</td></tr>
<tr><td colspan="3">间距</td><td rowspan="3">允许偏差</td></tr>
<tr><td colspan="3">管径</td></tr>
<tr><td>15～20</td><td>25～40</td><td>50</td></tr>
<tr><td>垂直</td><td>1 000</td><td>1 500</td><td>2 000</td><td>30</td></tr>
<tr><td>水平</td><td>800</td><td>1 200</td><td>1 500</td><td>30</td></tr>
</table>

(1) 测定盒、箱及管路固定点位置。按照设计图测出盒、箱、出线口等准确位置。测量时，应使用自制尺杆，弹线定位。根据测定的盒、箱位置，把管路的垂直点水平线弹出，按照要求标出支架、吊架固定点具体尺寸位置。

(2) 管路固定。采用胀管法固定，先在墙上打孔，将胀管插入孔内，再用螺钉（栓）固定。

采用剔注法固定，按测定位置，剔出墙洞用水把洞内浇湿，再将和好的高强度等级砂浆填入洞内，填满后，将支架、吊架或螺栓插入洞内，校正埋入深度和平直，再将洞口抹平。

(3) 管路敷设。

①小管径可使用剪管器，大管径可使用钢锯锯断，断口后将管口锉平齐。

②敷管时，先将管卡一端的螺钉（栓）拧紧一半，然后将管敷设于管卡内，逐个拧紧。

③支架、吊架位置正确、间距均匀，管卡应平正牢固；埋入支架应有燕尾，埋入深度不应小于 120 mm；用螺栓穿墙固定时，背后加垫圈和弹簧垫用螺母紧牢固。

④管水平敷设时，高度应不低于 2 000 mm；垂直敷设时，穿过楼板或易受机械损伤的地方，应用钢管保护，其保护高度距板表面距离不应小于 500 mm。

⑤较长管路敷设时，超过下列情况时，应加接线盒：管路无弯时，30 m；管路有 1 个弯时，20 m；管路有 2 个弯时，15 m；管路有 3 个弯时，8 m；如无法加装接线盒时，应将管直径加大一号。

(4) 管路连接。

①管口应平整光滑，管与管、管与盒（箱）等器件应采用插入法连接，连接处接合面应涂专用胶合剂，接口应牢固密封。

②管与管之间采用套管连接时，套管长度宜为管外径的1.5～3倍，管与管的对口应位于套管中心处对平齐。

③管与器件连接，或承插连接时，插入深度宜为管外径。

(5) 管路入盒、箱连接。

①管路入盒、箱一律采用端接头与内锁母连接，要求平整、牢固。向上立管管口采用端帽护口，防止异物堵塞管路。

②变形缝做法。变形缝穿墙应加保护管，保护管应能承受管外的冲击，保护管的管径宜大于穿插线管的管外径二级。

(6) 暗管敷设时的弹线定位。

①根据设计图要求，在砖墙、大模板混凝土墙、滑模板混凝土墙、木模板混凝土墙、组合钢模板混凝土墙处，确定盒、箱位置进行弹线定位，按弹出的水平线用小线和水平尺测量出盒、箱准确位置并标出尺寸。

②根据设计图灯位要求，在加气混凝土板、现浇混凝土板上进行测量后，标注出灯头盒的准确位置尺寸。

③各种隔墙剔槽稳埋开关盒弹线。根据设计图要求，在砖墙、泡沫混凝土墙、石膏孔板墙、焦砟砖墙等需要稳埋开关盒的位置，进行测量确定开关盒准确位置尺寸。

(7) 暗敷管路。

①管路连接。

a. 管路连接应使用套箍连接（包括端接头接管）。用小刷子蘸配套供应的塑料管胶黏剂，均匀涂抹在管外壁上，将管子插入套箍，管口应到位。胶黏剂性能要求粘接后1 min内不移位，黏性保持时间长，并具有防水性。

b. 管路垂直或水平敷设时，每隔1 m距离应有一个固定点，在弯曲部位应以圆弧中心点为始点，距两端300～500 mm处各加一个固定点。

c. 管进盒、箱，一管一孔，先接端接头然后用内锁母固定在盒、箱上，在管孔上用顶帽型护口堵好管口，最后用纸或泡沫塑料块堵好盒子口（堵盒子口的材料可采用现场现有柔软物件，如水泥纸袋等）。

②管路暗敷设。

a. 现浇混凝土墙板内管路暗敷设。管路应敷设在两层钢筋中间，管进盒、箱时应揻成等差弯，管路每隔 1 m 处用镀锌铁丝绑扎牢，弯曲部位按要求固定，往上引管不宜过长，以能揻弯为准，向墙外引管可使用“管帽”预留管口，待拆模后取出“管帽”再接管。

b. 滑升模板敷设管路时，灯位管可先引到牛腿墙内，滑模过后支好顶板，再敷设管至灯位。

c. 现浇混凝土楼板管路暗敷设。根据建筑物内房间四周墙的厚度，弹十字线确定灯头盒的位置，将端接头、内锁母固定在盒子的管孔上，使用帽护口堵好管口，并堵好盒口，将固定好的盒子，用机螺钉（栓）或短钢筋固定在底盘上。跟着敷管，管路应敷设在底排钢筋的上面，管路每隔 1 m 处用镀锌铁丝绑扎牢。引向隔断墙的管子可使用“管帽”预留口，拆模后取出管帽再接管。

d. 塑料管直埋于现浇混凝土内，在浇捣混凝土时，应有防止塑料管发生机械损伤的措施。

e. 灰土层内管路暗敷设。灰土层夯实后进行挖管路槽，接着敷设管路，然后在管路上面用混凝土砂浆埋护，厚度不宜小于 80 mm。

（8）扫管穿带线。对于现浇混凝土结构，如墙、楼板，应及时进行扫管，即随拆模随扫管，这样能够及时发现堵管不通现象，便于处理，可在混凝土未终凝时，修补管路。对于砖混结构墙体，在抹灰前进行扫管。有问题时修改管路，便于土建修复。经过扫管后确认管路畅通，及时穿好带线，并将管口、盒口、箱口堵好，加强成品配管保护，防止出现二次塞管路现象。

三、电线穿管和线槽敷设

1. 一般规定

（1）配线所采用的导线的规格、型号必须符合设计要求，当设计无规定时不同敷设方式导线线芯的最小截面应符合表

5-24 的规定。

表 5-24　不同敷设方式导线线芯的最小截面

敷设方式		线芯最小截面/mm²		
		铜芯软线	铜线	铝线
敷设在室内绝缘支持件上的裸导线		—	2.5	4.0
敷设在绝缘支持件上的绝缘导线及其支持点距离 L/m	$L\leqslant 2$	—	1.0	2.5
		—	1.5	2.5
	$2<L\leqslant 6$	—	2.5	4.0
	$6<L\leqslant 12$	—	2.5	6.0
穿管敷设的绝缘导线		1.0	1.0	2.5
槽板内敷设的绝缘导线		—	1.0	2.5
塑料护套线明敷		—	1.0	2.5

(2) 保护线的截面应与对应的相线截面匹配，见表 5-25。

表 5-25　保护线截面面积　(单位：mm²)

相线截面积 S	保护线截面积 Sp
$S\leqslant 16$	$Sp=S$
$16<S\leqslant 35$	$Sp=16$
$S>35$	$Sp=S/2$

(3) 配线的布置应符合设计规定，当设计无规定时室内外绝缘导线与地面的距离应符合表 5-26 的规定。

表 5-26　室内外绝缘导线与地面的距离

敷设方式		最小距离/m
水平敷设	室内	2.5
	室外	2.7
垂直敷设	室内	1.8
	室外	2.7

(4) 在顶棚内由接线盒引向器具的绝缘导线，应采用可挠性金属软管或金属软管等，保护导线不应有裸露部分。

(5) 穿线时，应穿线、放线互相配合，统一指挥，一端拉线，一端送线。

(6) 配线工程施工完毕后，应进行各回路的绝缘检查，保护地线连接可靠，对带有漏电保护装置的线路应做模拟动作并做好记录。

2. 穿管施工

(1) 导线选择。导线应根据设计图要求选择导线露天架空。进（出）户的导线应使用橡胶绝缘导线，严禁使用塑料绝缘导线。相线、中性线及保护地线的颜色应加以区分，用黄绿色相间的导线作保护地线，淡蓝色导线作中性线。同一单位工程的相线颜色应作统一规定。

(2) 穿带线扫管。带线一般采用 $\phi1.2\sim\phi2.0$ 的铁丝。先将铁丝的一端弯成不封口的圆圈，再利用穿线器将带线穿入管路内，在管路的两端均应留有 30～50 cm 的余量。

将布条的两端牢固地绑扎在带线上，两人分别抓住一端来回拉动带线，将管内杂物清净。穿带线受阻时，应用两根铁丝在两端同时搅动，使两根铁丝的端头互相钩绞在一起，然后将带线拉出。在管路较长或转弯较多时，可以在敷设管路的同时将带线一并穿好。

(3) 管内穿线。

①相线、中性线及保护地形的颜色应加以区分，用淡蓝色导线为中性线，用黄绿颜色相间的导线为保护地线。

②穿带线：带线一般采用 $\phi1.2\sim\phi2.0$ 的铁丝，将其头部弯成不封口的圆圈穿入管内。在管路较长或转弯较多时，可以在敷设管路同时将带线一并穿好，穿线受阻时，应用两根带线在管路两端同时搅动，使两根铁丝的端头互相钩绞在一起，然后将带线拉出。

③穿线前，钢管口上应先装上护口。管路较长、弯曲较多、穿线困难时，可向管内吹入适量的滑石粉润滑。穿线时应两人配合好，一拉一送。

④导线连接：单股铜导线一般采用 LC 安全型压线帽连接，将导线绝缘层剥去 10～12 mm，清除氧化物，按规格选用适当的压线帽，将线芯插入压线帽的压接管内，若填充不实可将线芯折

回头，充满为止。线芯插到底后，导线绝缘应和压接管平齐，并包在帽壳内，用专用压接钳压实即可。

多股导线采用同规格的接线端子压接。削去导线的绝缘层。将线芯紧紧地绞在一起，清除套管、接线端子孔内的氧化膜，将线芯插入，用压接钳压紧。导线外露部分应小于1～2 mm。

⑤用 500 V 兆欧表对线路干线和支线的绝缘进行摇测，在电气器具、设备未安装前摇测一次，在其安装接线后送电前再摇测一次，确认绝缘摇测无误后再进行送电试运行。

(4) 电线、电缆与带线的绑扎。当导线根数较少时，例如 2～3 根导线，可将导线前端的绝缘层削去，然后将线芯直接插入带线的盘圈内并折回压实，绑扎牢固，使绑扎处形成一个平滑的锥形过渡部位。

当导线根数较多或导线截面较大时，可将导线前端的绝缘层削去，然后将线芯错开排列在带线上，用绑线缠绕扎牢，使绑扎接头处形成一个平滑的锥形过渡部位，便于穿线。

3. 线槽敷线

(1) 施工准备。

①线槽内配线前应将线槽内的积水和污物清除干净。

②线槽应平整，无扭曲变形，内壁无毛刺，附件齐全。

③线槽直线段连接采用连接板，用垫圈、弹簧垫圈、螺母紧固，接口缝隙严密平齐，槽盖装上后平整，无翘角，出线口的位置准确。

④线槽进行交叉、转弯、丁字连接时，应采用单通、二通、三通等进行变通连接，导线接头处应设置接线盒或将导线接头放在电气器具内。

⑤线槽与盒、箱、柜等接茬时，进线和出线口等处应采用抱脚连接，并用螺栓紧固，末端应加装封堵。

⑥不允许将穿过墙壁的线槽与墙上的孔洞一起抹死。

⑦敷设在强、弱电竖井处的线槽在穿越楼板时应处理（封堵防火堵料）。

(2) 放线敷设。放线前应先检查管与线槽连接处的护口是否齐全，导线和保护地线的选择是否符合设计要求，管进入盒时内外螺母是否锁紧，确认无误后放线。导线应放在放线盘或放线架上，放线应有专人监护，不应出现挤压、背扣、扭接、损伤等现象。

在同一线槽内的导线截面积总和应该不超过内部截面的40%，线槽底向下配线时，应将分支导线分别用尼龙绑带绑扎成束，并固定在线槽底板下，以防导线下坠。绑扎导线时，应用尼龙扎带，不允许用金属丝进行绑扎。

不同电压、不同回路、不同频率的导线应加隔板放在同一线槽内。下列情况时，可直接放在同一线槽内：电压在 65 V 及以下；同一设备或同一流水线的动力和控制回路；照明花灯的所有回路；三相四线制的照明回路。

导线较多时，除采用导线外皮颜色区分相序外，也可利用在导线端头和转弯处做标记的方法来区分。在穿越建筑物的变形缝时，导线应留有补偿余量。接线盒内的导线预留长度不应超过 15 cm；盘、箱内的导线预留长度应为其周长的 1/2。

从室外引入室内的导线，穿过墙外的一段应采用橡胶绝缘导线，不允许采用塑料绝缘导线。穿墙保护管的外侧应有防水措施。

4. 质量标准

(1) 主控项目。

①三相或单相的交流单芯电缆，不得单独穿于钢导管内。

检验方法：观察检查。

②不同回路、不同电压等级和交流与直流的电线，不应穿于同一导管内，同一交流回路的电线应穿于同一金属导管内，且管内电线不得有接头。

检验方法：观察检查和检查安装记录。

③爆炸危险环境照明线路的电线和电缆额定电压不得低于 750 V，且电线必须穿于钢导管内。

检验方法：观察检查和检查安装记录。

(2) 一般项目。

①电线、电缆穿管前，应清除管内杂物和积水。管口应有保护措施，不进入接线盒（箱）的垂直管口穿入电线、电缆后，管

口应密封。

检验方法：观察检查。

②当采用多相供电时，同一建筑物、构筑物的电线绝缘层颜色选择应一致，即保护地线（PE线）应是黄绿相间色，零线用淡蓝色，相线U相用黄色，V相用绿色，W相用红色。

检验方法：观察检查。

③线槽敷线应符合下列规定：

a. 电线在线槽内有一定余量，不得有接头。电线按回路编号分段绑扎，绑扎点间距不应大于2 m。

b. 同一回路的相线和零线，敷设于同一金属线槽内。

c. 同一电源的不同回路、无抗干扰要求的线路可敷设于同一线槽内；敷设于同一线槽内有抗干扰要求的线路用隔板隔离，或采用屏蔽电线且屏蔽护套一端接地。

检验方法：观察检查和检查安装记录。

第五节　安装架空线路

一、导线架设和连接

1. 导线的规格和选用

（1）导线的型号。导线型号一般由两部分组成，前边字母表示导线的材料，即L代表铝线，T代表铜线，LG代表钢芯铝线，HL代表铝合金线，J代表绞线；后面的数字表示导线的标称截面。例如：

L—25表示标称截面为25 mm^2的铝线；

TJ—35表示标称截面为35 mm^2的铜绞线；

LGJ—25/4表示标称截面为25 mm^2的钢芯铝绞线（25指铝线截面，4指钢线截面）；

（2）导线的规格。导线的规格主要是针对导线的直径、交货长度和标称截面而言。导线的直径通常是指导线的外径，可用游标深度尺进行测量。导线的交货长度是指导线在工厂制造的每捆（卷）线的长度。导线的标称截面常根据导线的根数和直径，用公式计算出其实际截面的大小，再取其整，并以该整数作为该导线的标称截面。如 LJ—25 的计算截面是 25.41 mm^2，所以标称截面则为 25 mm^2。

对于 10 kV 及以下架空线路的导线截面，通常根据计算负荷、允许电压损失及机械强度来确定。如采用电压损失校核导线的标称截面，其方法如下：

①高压线路，自供电的变电所二次侧出口至线路末端变压器，或末端受电变电所一次侧入口的允许电压损失，为供电变电所二次侧额定电压（6 kV，10 kV）的 5%。

②低压线路、自配电变压器二次侧出口至线路末端（不包括接户线）的允许电压损失，一般为额定配电电压（220 V、380 V）的 40%。

当确定高、低压线路的导线截面时，除根据负荷条件外，还应与该地区配电网的发展规划相结合。在选择导线截面时，要有一定的裕度，配电导线截面不宜小于表 5-27 所列数值的规定。

表 5-27　导线截面　（单位：mm^2）

线路 / 导线种类	高压线路			低压线路		
	主干线	分干线	分支线	主干线	分干线	分支线
铝绞线及铝合金线	120	70	35	70	50	35
钢芯铝绞线	120	70	35	70	50	35
铜绞线	—	—	16	50	35	16

架空线路导线和 6～10 kV 接户线的最小截面应符合表 5-28 的规定。

表 5-28　架空线路与 6～10 kV 接户线的最小截面　（单位：mm^2）

线路 / 导线种类		铝绞线		钢芯铝绞线		铜绞线	
		居民区	非居民区	居民区	非居民区	居民区	非居民区
架空线路	6～10 kV	35	25	25	16	16	16
	≤1 kV	16		16		10(线直径 3.2 mm)	
6～10 kV 接户线		25		—		16	

注：1 kV 以下线路与铁路交叉跨越档处，铝绞线最小截面应为 35 mm^2

(3) 导线的选用。

①当低压线路与铁路有交叉跨越档，采用裸铝绞线时，其截面不应小于 35 mm^2。

②不同金属、不同绞向、不同截面的导线严禁在档距内连接。

③高压配电架空线路在同一横担上的导线，其截面差不宜大于三级。

④架空配电线路的导线不应采用单股的铝线或铝合金线。高压线路的导线不应采用单股铜线。配电线路导线的截面按机械强度要求不应小于表 5-29 所列数值的规定。

表 5-29 导线最小截面 (单位：mm^2)

线路 导线种类	高压线路		低压线路
	居民区	非居民区	
铝绞线及铝合金绞线	35	25	16
钢芯铝绞线	25	16	16
铜绞线	16	16	(直径 3.2 mm)

⑤三相四线制的中性线截面不应小于表 5-30 所列数值的规定。

表 5-30 中性线截面

线别 导线种类	相线截面	中性线截面
铝绞线及钢芯铝绞线	LJ—50 及以下， LGJ—50 及以下	与相线截面相同
	LJ—70 及以上， LGJ—70 及以上	不小于相线截面的 50%，且不小于 50 mm^2
铜绞线	TJ—35 及以下， TJ—50 及以上	与相线截面相同不小于相线截面的 50%，且不小于 35 mm^2

若中性线截面选择不当，可能产生断线烧毁用电设备事故。中性线截面过小，遇到大风，也会造成断线、混线事故，甚至烧毁电器，造成严重事故或人员伤亡。

⑥在离海岸 5 km 以内的沿海地区或工业区，视腐蚀性气体和尘埃产生腐蚀作用的严重程度，选用不同防腐性能的防腐型钢芯铝绞线。

2. 导线架设要求

（1）导线跨越、交叉架设。

①高压线路严禁跨越以易燃材料为顶盖的建筑物。对其他建筑物应尽量不跨越，如必须跨越时，应取得当地政府或有关单位的同意，且对建筑物的最小垂直距离在最大的弧垂时，不应小于 3 m。低压线路跨越建筑物的最小垂直距离在最大弧垂时，不应小于 2.5 m。

②线路与特殊管道交叉，不允许设置在管道的检查井和检查孔等处。特殊用途的管道，如与配电线路交叉时，其所有部件均应接地。

③配电线路靠近具有爆炸物、易燃物或可燃液（气）体生产厂房、仓库、储藏器等地方时，其间距应大于电杆高度的 1.5 倍，且符合有关规范的要求。

④线路互相交叉时，低压弱电线路应在下方。

⑤对于跨越公路、铁路和一级通信线路时应搭设跨越架。跨越架与被跨越物的最小距离应符合表 5-31 的规定。

表 5-31 跨越架与被跨越物的最小距离 （单位：m）

被跨越物	铁路	公路	110 kV 送电线	66 kV 送电线	35 kV 送电线	10 kV 配电线	低压线	通信线
最小垂直距离	7	6	3	2	1.5	1	1	1
最小水平距离	3～3.5	0.5	4	3～3.5	3～3.5	1.5～2	0.5	0.5

（2）导线架设间距。架空线路应沿道路平行敷设，尽可能避开各种起重机频繁活动的地区，同时还要减少跨越建筑物和与其他设施的交叉。如不可避免，则导线与其之间的距离应符合下列规定。

①架空线路的导线与建筑物之间的距离，不应小于表 5-32 所列数值。

表 5-32　导线与建筑物间的最小距离　（单位：m）

线路经过地区	线路电压	
	6～10 kV	<1 kV
线路跨越建筑物垂直距离	3	2.5
线路边线与建筑物水平距离	1.5	1

②架空线路的导线与道路行道树间的距离，不应小于表 5-33 所列数值。

表 5-33　导线与街道行道树间的最小距离　（单位：m）

线路经过地区	线路电压	
	6～10 kV	<1 kV
线路跨越行道树在最大弧垂情况的最小垂直距离	1.5	1
线路边线在最大风偏情况与行道树的最小水平距离	2	1

③架空线路的导线与地面的距离，不应小于表 5-34 所列数值。

表 5-34　导线与地面的最小距离　（单位：m）

线路经过地区	线路电压	
	6～10 kV	<1 kV
居民区	6.5	6
非居民区	5.5	5
交通困难地区	4.5	4

注：1. 居民区指工业企业地区、港口、码头、市镇等人口密集地区
2. 非居民区指居民区以外的地区。有时虽有人、有车到达，但房屋稀少、亦属非居民区
3. 交通困难地区指车辆不能到达的地区

④架空线路的导线与山坡、峭壁和岩石之间的距离，在最大计算风偏情况下，不应小于表 5-35 所列数值。

表 5-35　导线与山坡、岩石间的最小净空距离　（单位：m）

线路经过地区	线路电压	
	6～10 kV	<1 kV
步行可以到达的山坡	4.5	3
步行可以到达的山坡、峭壁和岩石	1.5	1

⑤架空线路与甲类火灾危险的生产厂房，甲类物品库房及易

燃、易爆材料堆场，以及可燃或易燃液（气）体储罐的防火间距，不应小于电杆高度的1.5倍。

（3）导线接地。

①避雷器接地线与被保护设备金属外壳（或底座）连接后接至接地装置，其接地电阻不应大于10 Ω。

②无避雷线的高压线路，在居民区的钢筋混凝土杆和金属杆塔宜作接地，其接地电阻不应大于30 Ω，中性点直接接地的低压线路的钢筋混凝土杆的钢筋、铁担和铁杆，应与零线相连接。

③中性点直接接地的低压线路和其分支线的终端，以及每经过不大于1 km的地方，应作零线的重复接地，其接地电阻不应大于10 Ω。

④年平均雷电天气在30日以上的地区，一般应将接户杆上的绝缘子铁脚接地。尤其是剧院、医院、车间、学校及Ⅱ类防雷建筑物等公共场所，必须将其两基杆上的绝缘子铁脚可靠接地。

⑤避雷器接地线与被保护设备外壳连接后，共同接至接地装置。

3. 导线检查与修补

（1）导线损伤修补标准。当导线在同一处损伤需进行修补时，损伤补修处理标准应符合表5-36的规定。

表5-36　导线损伤补修处理标准

导线类别	损伤情况	处理方法
铝绞线	导线在同一处损伤程度已经超过规定，但因损伤导致强度损失不超过总拉断力的5%时	缠绕或修补预绞线修理
铝合金绞线	导线在同一处损伤程度损失超过总拉断力的5%，但不超过17%时	补修管修补
钢芯铝绞线	导线在同一处损伤程度已超过规定，但因损伤导致强度损失不超过总拉断力的5%，且截面积损伤又不超过导电部分总截面积的7%时	缠绕或修补预绞线修理
钢芯铝合金绞线	导线在同一处损伤的强度损失已超过总拉断力的5%但不足17%，且截面积损伤也不超过导电部分总截面积的25%时	补修管修补

导线在同一处（即导线的一个节距内）单股损伤深度小于直径的1/2或钢芯铝绞线、钢芯铝合金绞线损伤截面小于导电部分截面积的5%，且强度损失小于4%以及单金属绞线损伤截面积小于4%时，可不做修补，但要用0号砂纸将损伤处棱角与毛刺磨光。

（2）导线损伤处理方法。当导线某处有损伤时，常用的修补方法有缠绕、补修预绞线修理和补修管补修等。

采用缠绕法处理损伤的铝绞线时，导线受损伤的线股应处理平整，选用与导线相同金属的单股线为缠绕材料，缠绕导线直径不应小于2 mm，缠绕中心应位于导线损伤的最严重处，缠绕应紧密，受损伤部分应该全部被覆盖住，缠绕长度不应小于100 mm。

采用补修预绞线处理时，首先应将需要修补的受损伤处的线股处理平整。操作时先将损伤部分导线净化，净化长度为预绞线长度的1.2倍，预绞线的长度不应小于导线的3个节距，在净化后的部位涂抹一层中性凡士林，然后将相应规格的补修预绞线用手缠绕在导线上，缠绕中心应位于导线损伤的最严重处。补修预绞线应均匀排列，相互间不能重叠，且与导线接触紧密，损伤处应全部覆盖。

补修管为铝制的圆管，由大半圆和小半圆两个半片合成，如图5-27所示。当铝合金绞线和钢芯铝绞线的损伤情况超过规定时，可以用补修管补修，将其套入导线的损伤部分，损伤处的导线应先恢复其原绞制状态，补修管的中心应位于损伤最严重处，需补修导线的范围应位于管内各20 mm处，并且将损伤部分放置在大半圆内，然后把小半圆的铝片从端部插入，用液压机进行压紧，所用钢模为相同规格的导线连接管钢模。

4. 放线

放线就是把导线从线盘上放出来然后架设到电杆的横担上，如图5-28所示。

常用的放线方法有施放法和展放法两种。施放法即是将线盘

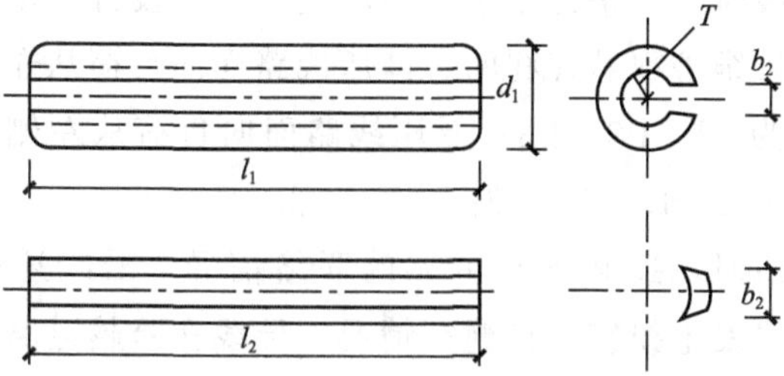

图 5-27 补修管

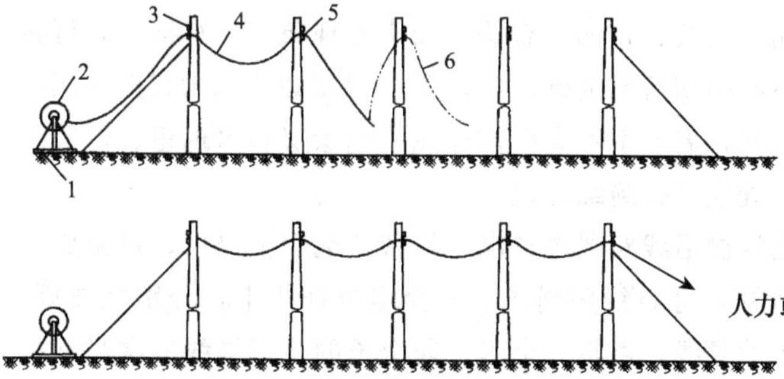

图 5-28 放线

1—放线架；2—线轴；3—横担；4—导线；5—放线滑轮；6—牵引绳

架设在放线架上拖放导线。展放法则是将线盘架设在汽车上，行驶中展放导线。

导线放线通常是按每个耐张段进行的，其具体操作如下：

（1）放线前，应选择合适位置放置线盘和放线架，导线应从放线架上方引出。如采用施放法放线，施工前应沿线路清除障碍物，砂石地区应垫隔离物（草垫），以免磨损导线。

（2）在放线段内的每根电杆上挂一个开口放线滑轮（滑轮直径应不小于导线直径的 10 倍）。铝导线必须选用铝滑轮或木滑轮，这样既省力又不会磨损导线。

（3）在放线过程中，线盘处应有专人看守，防止导线和放线架倾倒。放线速度应尽量均匀，不宜忽快忽慢。当发现导线存在问题，而又不能及时进行处理时，应作显著标记（如缠绕红布条）以便放线完毕后，专门进行处理。

(4) 放线时，线路的相序排列应统一，对设计、施工、安全运行以及检修维护都是有利的。高压线路面向负荷从左侧起，导线排列相序为 L1、L2、L3；低压线路面向负荷从左侧起，导线排列相序为 L1、N、L2、L3。

(5) 放线时，还必须有可靠的联络信号，沿线还须有人看护，不使导线发生损伤、自缠等情况。导线在跨越道路和跨越其他线路处也应设人看护。

(6) 放线过程中，对已展放的导线应进行外观检查，导线不应发生磨伤、断股、扭曲、金钩、断头等现象。如有损伤，可根据导线的不同损伤情况进行修补处理。1 kV 以下电力线路采用绝缘导线架设时，展放中不应损伤导线的绝缘层和出现扭、弯等现象，对破口处应进行绝缘处理。

(7) 当导线沿线路展放在电杆根旁的地面上以后，可由施工人员登上电杆，将导线用绳子提升至电杆横担上，分别摆放好。对截面较小的导线，可将一个耐张段全长的 4 根导线一次吊起提升至横担上；对截面较大的导线，用绳子提升时，可一次吊起两根。

5. 导线连接

(1) 钳压连接法。

①连接要求。在任何情况下，每一个档距内的每条导线，只能有一个接头，但架空线路跨越线路、公路（Ⅰ-Ⅱ）级、河流（Ⅰ-Ⅱ）级、电力和通信线路时，导线及避雷线不能有接头；不同金属、不同截面、不同捻回方向的导线，只能在杆上跳线内连接。

导线接头处的机械强度，不应低于原导线强度的 90%，接头处的电阻，不应超过同长度导线电阻的 1.2 倍。

②连接管的选用。压接管和压模的型号应根据导线的型号选用。铝绞线压接管和钢芯铝绞线压接管规格不同，不能互相代用。

③施工准备。导线连接前，应先将准备连接的两个线头用绑

线扎紧再锯齐，然后清除导线表面和连接管内壁的氧化膜。由于铝在空气中氧化速度很快，在短时间内即可形成一层表面氧化膜，这样就增加了连接处的接触电阻，故在导线连接前需清除氧化膜。在清除过程中，为防止再度氧化，应先在连接管内壁和导线表面涂上一层电力复合脂，再用细钢丝刷在油层下擦刷，使之与空气隔绝。刷完后，如果电力复合脂较为干净，可不用擦掉；如电力复合脂已被沾污，则应擦掉重新涂一层擦刷，最后带电力复合脂进行压接。

④压接顺序。压接钢芯铝绞线时，压接顺序从中间开始按交错顺序分别向两端进行，如图 5-29（a）所示；压接铝绞线时，压接顺序由导线断头开始，按交错顺序向另一端进行，如图 5-29（b）所示。

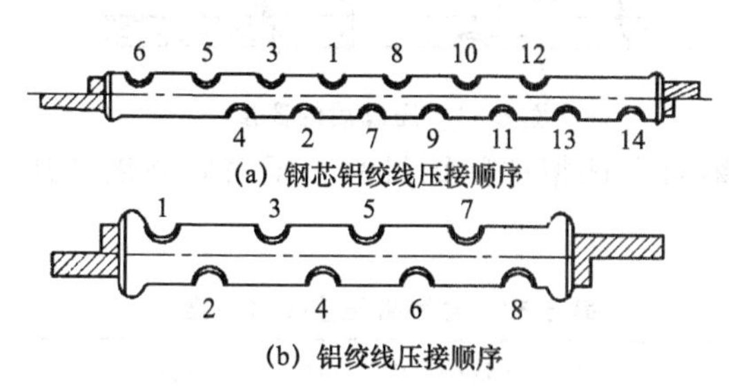

图 5-29　导线压接顺序

当压接 240 mm² 钢芯铝绞线时，可用两只连接管串联进行，两管间的距离不应少于 15 mm。每根压接管的压接顺序是由管内端向外端交错进行，如图 5-30 所示。

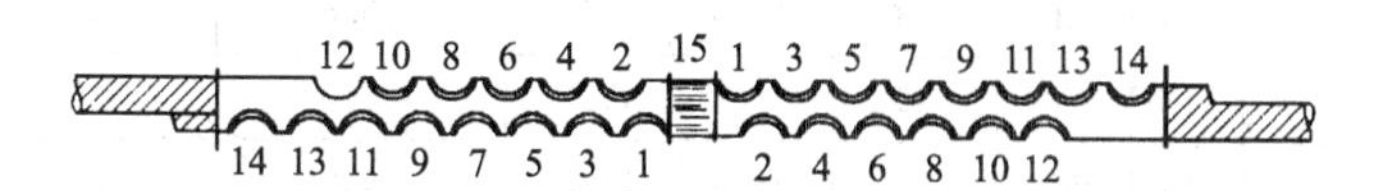

图 5-30　240 mm² 钢芯铝绞线压接顺序

⑤压接连接。当压接钢芯铝绞线时，连接管内两导线间要夹上铝垫片，填在两导线间，可增加接头握着力。压接导线时，应采用搭接的方法，由管两端分别插入管内，使导线的两端露出管外 25～30 mm，并使连接管最边上的一个压坑位于被连接导线断

头旁侧。压接时，导线端头应用绑线扎紧，以防松散。

每次压接时，以压接钳上杠杆顶住螺钉为宜。每次压接1分钟后才能放开上杠杆，以保证压坑深度准确。压接后的压接管，不能有弯曲，其两端应涂以樟丹油，压后要进行检查。如压管弯曲，须用木槌调直，压管弯曲过大或有裂纹，须重新进行压接。

⑥压缩高度。为了保证压缩后的高度符合设计要求，可根据导线的截面来选择压模，并适当调整压接钳，使钳口更适合于压模深度，压缩完的凹槽距管边的高度 h 应符合规定，如图5-31所示。其允许误差为：钢芯铝导线连接管±0.5 mm；铝芯连接管±0.1 mm；铜连接管±0.5 mm。

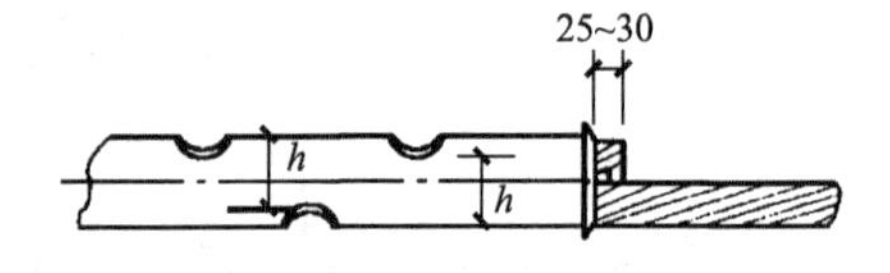

图 5-31　压缩后的高度

导线压缩管上凹槽的间距尺寸、压缩后高度和压口数见表5-37。

表 5-37　导线钳压接技术数据

导线型号		钳接部位尺寸/mm			压后尺寸 h/mm	压口数
		a_1	a_2	a_3		
钢芯绞线	LGJ—16	28	14	28	12.5	12
	LGJ—25	32	15	31	14.5	14
	LGJ—35	34	42.5	93.5	17.5	14
	LGJ—50	38	48.5	105.5	20.5	16
	LGJ—70	46	54.5	123.5	25.0	16
	LGJ—95	54	61.5	142.5	29.0	20
	LGJ—120	62	67.5	160.5	33.0	24
	LGJ—150	64	70	166	36.0	24
	LGJ—185	66	74.5	173.5	39.0	26
	LGJ—240	62	68.5	161.5	43.0	2×14

（续表）

导线型号		钳接部位尺寸/mm			压后尺寸 h/mm	压口数
		a_1	a_2	a_3		
铝绞线	LGJ—16	28	20	34	10.5	6
	LGJ—25	32	20	36	12.5	6
	LGJ—35	36	25	43	14.0	6
	LGJ—50	40	25	45	16.5	8
	LGJ—70	44	28	50	19.5	8
	LGJ—95	48	32	56	23.0	10
	LGJ—120	52	33	59	26.0	10
	LGJ—150	56	34	62	30.0	10
	LGJ—185	60	35	65	33.5	10
铜绞线	LGJ—16	78	14	28	10.5	6
	LGJ—25	32	16	32	12.0	6
	LGJ—35	36	18	36	14.5	6
	LGJ—50	40	20	40	17.5	8
	LGJ—70	44	22	44	20.5	8
	LGJ—95	48	24	48	24.0	10
	LGJ—120	52	26	52	27.5	10
	LGJ—150	56	28	56	31.5	10

（2）爆炸压接法。钢芯铝绞线的连接，除了可采用钳压法连接外，还可采用钳压管爆炸压接法，即用钳压管原来长度的1/3～1/4，经炸药起爆后，将导线连接起来的一种方法，这种方法适用于野外作业。

①主要材料。爆炸压接法用到的主要材料有炸药、雷管、爆压管和导火索。

炸药应用最普通的岩石 2 号硝铵炸药，如发现存放过期，须检查是否合乎标准，受潮导致结块变质以及炸药中混有石块、铁屑等坚硬物质时，不得使用。雷管应使用 8 号纸壳工业雷管。爆压管的钢芯铝线截面为 50～95 mm^2 时，所用爆压管的长度应为

钳压管长的1/3；导线截面为120～240 mm^2时，所用爆压管的长度应为钳压管长的1/4。导火索应使用燃速为180～210 cm/min或缓燃速为100～120 cm/min的导火线。导火线不得有破损、曲折、沾有油脂和涂料不均等现象。

②药包制作方法。用0.35～1.0 mm厚的黄板纸（即马粪纸）做成锥形外壳箱，用黄板纸做一小封盖，并糊在锥形外壳的小头上。将爆压管从小盖的预留孔穿入锥形外壳内，两端应各露出10 mm。

将炸药从外壳的大头装入爆压管与壳筒的中间。装药时要边装边捣实，边用手轻轻敲打外壳筒，使外壳筒成为椭圆形。必须保持爆压管位于外壳的中心，并防止炸药进入爆压管内。炸药装满后，再将用黄板纸做成的大封盖糊在外壳筒的大头上。

制作好的药包，应坚固成形，接缝严密，形式尺寸准确，其误差不得超过规定值的±10 mm。

③爆炸压接的操作要点。药包运到现场后，在穿线前应清除爆压管内的杂物、灰尘和水分等。将连接的导线调直，并从爆压管两端分别穿过，导线端头应露出压管20 mm。将已穿好导线的炸药包，绑在1.5 mm高的支架上，并用布将靠近药包100 mm处的导线包缠好，以防爆炸时损伤导线。将已连好导爆索的雷管，插入药包靠近外壳的大头内10～15 mm，并做好点燃准备，然后点火起爆。起爆时，人应距起爆点30 m以外。

④爆炸压接的质量标准和注意事项。爆炸压接后，如出现未爆部分时，应割掉重新压接。爆压管出现严重烧伤、鼓包或横向裂纹总长度超过爆压管周长1/8时，应割掉重新压接。

爆压前，对其接头应进行拉力和电阻等质量检查试验，试件不得少于3个，若其中1个不合格，则认为试验不合格。在查明原因后再次试验，但试件不得少于5个，试件制作条件应与施工条件相同。

炸药、雷管、导火线应分别存放，妥善保管，还应遵守炸药、雷管、导火线等存放与使用的有关规定。

6. 紧线

紧线方法有两种：第一种是导线逐根均匀收紧，第二种是三线同时（两线）同时收紧，如图 5-32 所示。第二种方法紧线速度快，但需要有较大的牵引力，如利用卷扬机或绞磨的牵引力等。施工时可根据具体条件选用。

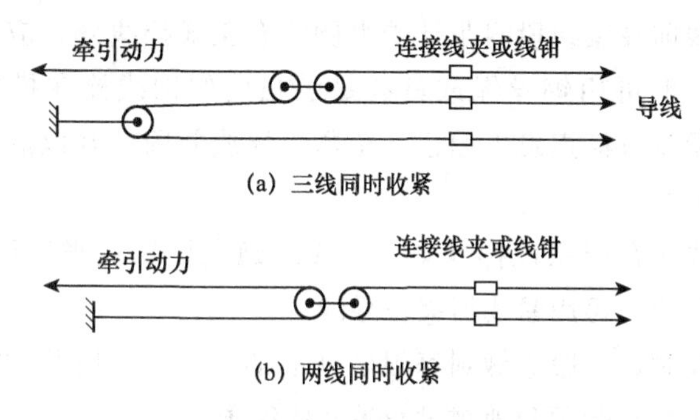

图 5-32　紧线图

（1）紧线钳的应用。紧线钳多适用于一般中小型铝绞线和钢芯铝绞线紧线，如图 5-33 所示。先将导线通过滑轮组，用人力初步拉紧，然后将紧线钳上的钢丝绳松开，固定在横担上，另一端夹住导线（导线上包缠麻布）。紧线时，横担两侧的导线应同时收紧以免横担受力不均而歪斜。

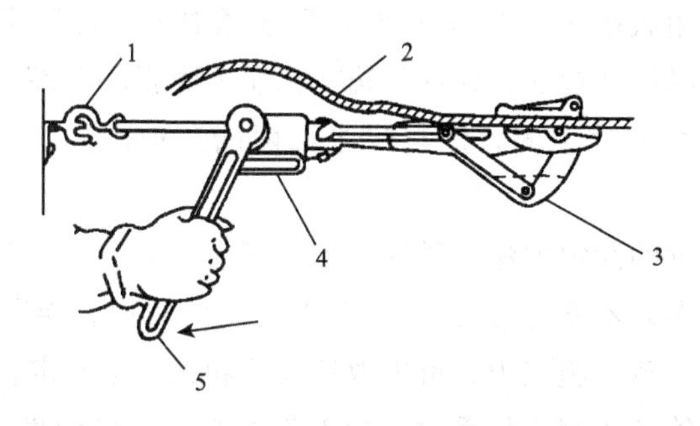

图 5-33　紧线钳紧线

1—定位钩；2—导线；3—夹线钳头；4—收紧齿轮；5—导柄

（2）紧线施工。

①紧线前必须先做好耐张杆、转角杆和终端杆的本身拉线，然后再分段紧线。

②在展放导线时，导线的展放长度应比档距长度略有增加，平地时一般可增加2%，山地可增加3%，还应尽量在一个耐张段内。导线紧好后再剪断导线，避免造成浪费。

③在紧线前，在一端的耐张杆上，先把导线的一端在绝缘子上做终端固定，然后在另一端用紧线器紧线。

④紧线前在紧线段耐张杆受力侧除有正式拉线外，应装设临时拉线。一般可用钢丝绳或具有足够强度的钢线拴在横担的两端，以防紧线时横担发生偏扭。待紧完导线并固定好以后，才可拆除临时拉线。

⑤紧线时在耐张段操作端，直接或通过滑轮组来牵引导线，使导线收紧后，再用紧线器夹住导线。

⑥紧线时，一般应做到每根电杆上都有人，以便及时松动导线，使导线接头能顺利地越过滑轮和绝缘子。

7. 弧垂的测定

测定导线的弧垂，通常是与紧线工作配合进行，一般有等长法和张力法两种，施工中常用等长法，即平行四边形法。测量的目的，是使安装后的导线能达到最合理的弧垂。

（1）弧垂观测档的确定。弧垂观测档一般在耐张段内选出弛度观测档，耐张档内有1～6档时，可选择中部一档观测；7～15档时，应选择两档观测，并尽量选在稍靠近耐张段两端；15档以上时，应选择三档观测，即在耐张段两端及中间各选择一档来观测。

（2）弧垂的测定方法。导线的安装弧垂与地区电力部门规定的弧垂允许误差不能超过±5%：多条导线的截面、档距相同时，导线弧垂应一致。施工中，可采取等长法和张力法测定。

当采用等长法测定弧垂时，应首先按当时环境温度，从当地电力部门给定的弧垂表或曲线表中查得弧垂值，然后，在观测档两侧直线杆上的导线悬挂点，各向下量一段垂直距离，使其等于该档的观测弧垂值，并在该处固定弧垂板尺。为使目标看得清楚，板尺上应涂以明显的颜色。观测时，观测人员的目力从A杆的板尺以水平方向瞄准到B杆的板尺同一水平线上，即为所要求的弧垂值，如图 5-34 所示。

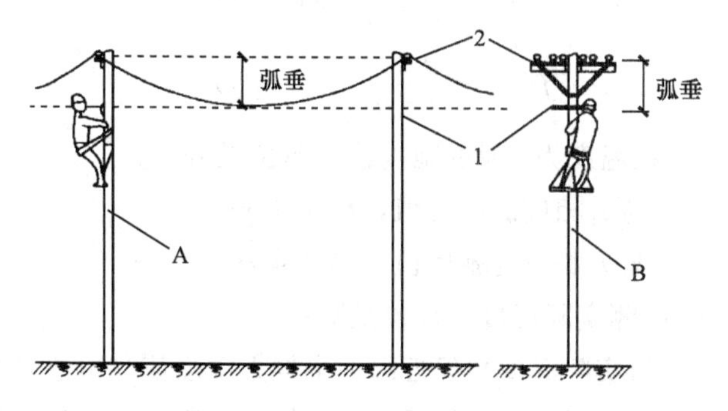

图 5-34　等长法测定导线弧垂

1—弧垂板尺；2—导线悬挂点

当采用张力表法测定导线弧垂时，可按当时的环境温度，从电力部门给定的弧垂表或曲线表上查得相应张力的数值。其方法是，先将张力表连在收紧导线或钢丝绳上，然后在紧线时从张力表中直接观测导线的张力数值，当这个数值与表中查得的数值相符时，即为所要求的弧垂。

（3）规律档距的计算。规律档距系指一个耐张段中各直线档距（相邻两个直线杆中心线间的水平距离）长度不相等情况下的一种代表档距。规律档距的计算方法如下：

$$L_{np}=\sqrt[3]{\frac{L_1^3+L_2^3+\cdots+L_{3n}}{L_1+L_2+\cdots+L_n}}$$

式中：L_{np}——规律档距，单位是 m；

L_1，L_2，…，L_n——一个耐张段中各个直线档距长度，单位是 m。

（4）导线弛度值的计算。导线的弛度应由设计给出，在安装曲线表中查得，也就是根据耐张段的规律档距长度和当时温度，在安装曲线表中查得相应的弛度值。

如当调整弛度时所测实际温度在安装曲线表中查不到时（一般在安装曲线中给出的温度范围是从－40～40℃，在其间每隔10℃画出一条安装曲线），则可用补插法计算出相应温度的弛度

值。其计算公式如下：

$$f=f_1-\frac{t_1-t}{t_1-t_2}(f_1-f_2)$$

$$f=f_2-\frac{t-t_2}{t_1-t_2}(f_1-f_2)$$

式中：f——在温度为 t 时的弛度值，单位是 m；

f_1——与 t_1 相应的弛度值，单位是 m；

f_2——与 t_2 相应的弛度值，单位是 m；

t——所测实际温度，单位是℃；

t_1——与实际温度相邻近的一个较大温度值，单位是℃；

t_2——与实际温度相邻近的一个较小温度值，单位是℃。

8. 导线的固定

（1）顶绑法。顶绑法适用于 1～10 kV 直线杆针式绝缘子的固定绑扎。铝导线绑扎时应在导线绑扎处先绑 150 mm 长的铝包带。所用铝包带宽为 10 mm，厚为 1 mm。绑线材料应与导线的材料相同，其直径在 2.6～3.0 mm 范围内。其绑扎步骤如图 5-35 所示。

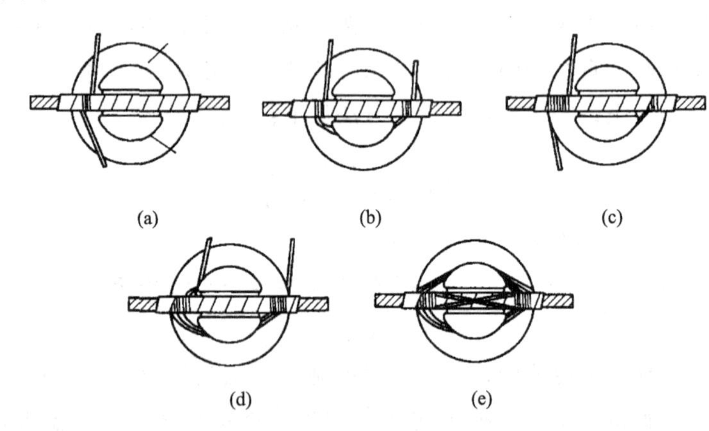

图 5-35　顶绑法

①把绑线绕成卷，在绑线一端留出一个长为 250 mm 的短头，用短头在绝缘子左侧的导线上绑 3 圈，方向是从导线外侧经导线上方，绕向导线内侧，如图 5-35（a）所示。

②用绑线在绝缘子颈部内侧绕到绝缘子右侧的导线上绑3圈，其方向是从导线下方，经外侧绕向上方，如图5-35（b）所示。

③用绑线在绝缘子颈部外侧，绕到绝缘子左侧导线上再绑3圈，其方向是由导线下方经内侧绕到导线上方，如图5-35（c）所示。

④用绑线从绝缘子颈部内侧，绕到绝缘子右侧导线上，并再绑3圈，其方向是由导线下方经外侧绕向导线上方，如图5-35（d）所示。

⑤用绑线从绝缘子外侧绕到绝缘子左侧导线下面，并从导线内侧上来，经过绝缘子顶部交叉压在导线上，然后，从绝缘子右侧导线内侧绕到绝缘子颈部内侧，并从绝缘子左侧导线的下侧，经导线外侧上来，经过绝缘子顶部交叉压在导线上，此时，在导线上已有一个十字叉。

重复以上方法再绑一个十字叉，把绑线从绝缘子右侧导线内侧，经下方绕到绝缘子颈部外侧，与绑线另一端的短头，在绝缘子外侧中间扭绞成2～3圈的麻花线，余线剪去，留下部分压平，如图5-35（e）所示。

（2）侧绑法。转角杆针式绝缘子上的绑扎，导线应放在绝缘子颈部外侧。若由于绝缘子顶槽太浅，直线杆也可以用这种绑扎方法，侧绑法如图5-36所示。

①把绑线绕成卷，在绑线一端留出250 mm的短头。用短头在绝缘子左侧的导线绑3圈，方向是从导线外侧，经过导线上方，绕向导线内侧，如图5-36（a）所示。

②绑线从绝缘子颈部内侧绕过，绕到绝缘子右侧导线上方，交叉压在导线上，并从绝缘子左侧导线的外侧，经导线下方，绕到绝缘子颈部内侧，接着再绕到绝缘子右侧导线的下方，交叉压在导线上，再从绝缘子左侧导线上方，绕到绝缘子颈部内侧，如图5-36（b）所示。此时导线外侧形成一个十字叉。随后，重复上法再绑一个十字叉。

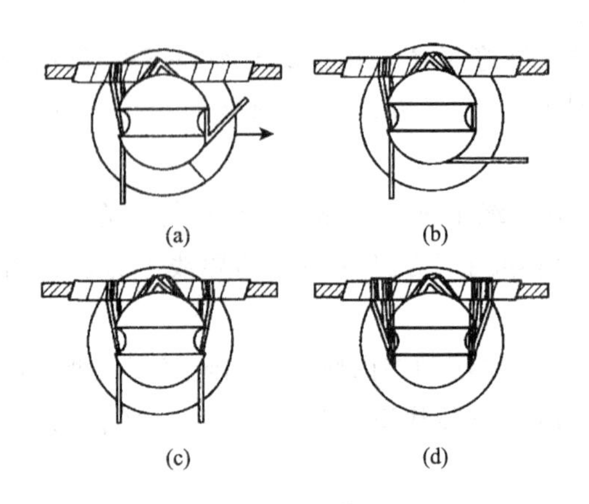

图 5-36　侧绑法

③把绑线绕到右侧导线上，并绑 3 圈，方向是从导线上方绕到导线外侧，再到导线下方，如图 5-36（c）所示。

④把绑线从绝缘子颈部内侧，绕回到绝缘子左侧导线上，并绑 3 圈，方向是从导线下方，经过外侧绕到导线上方，然后，经过绝缘子颈部内侧，回到绝缘子右侧导线上，并再绑 3 圈，方向是从导线上方，经过外侧绕到导线下方，最后回到绝缘子颈部内侧中间，与绑线短头扭绞成 2～3 圈的麻花线，余线剪去，留下部分压平，如图 5-36（d）所示。

（3）终端绑扎法。

①首先在与绝缘子接触部分的铝导线上绑扎铝带，然后，把绑线绕成卷，在绑线一端留出一个短头，长度为 200～250 mm（绑扎长度为 150 mm 者，留出短头长度为 200 mm；绑扎长度为 200 mm 者，短头长度为 250 mm）。

②把绑线短头夹在导线与折回导线之间，再用绑线在导线上绑扎，第一圈应离蝶式绝缘子表面 80 mm，绑扎到规定长度后与短头扭绞 2～3 圈，余线剪断压平。最后把折回导线向反方向弯曲，如图 5-37 所示。

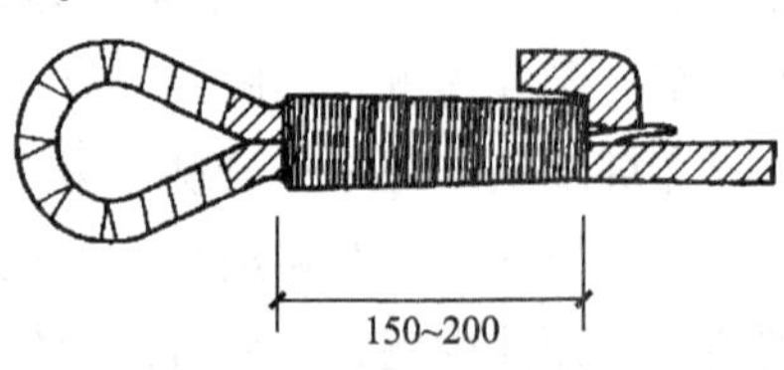

图 5-37　终端绑扎法

（4）用耐张线夹固定导线法。

①用紧线钳先将导线收紧，使弧垂比所要求的数值稍小些。然后，在导线需要安装线夹的部分，用同规格的线股缠绕，缠绕时，应从一端开始绕向另一端，其方向须与导线外股缠绕方向一致。缠绕长度须露出线夹两端各10 mm。

②卸下线夹的全部U形螺栓，使耐张线夹的线槽紧贴导线缠部，装上全部U形螺栓及压板，并稍拧紧。最后按顺序进行拧紧。在拧紧过程中，要使受力均衡，不要使线夹的压板偏斜和卡碰，如图5-38所示。

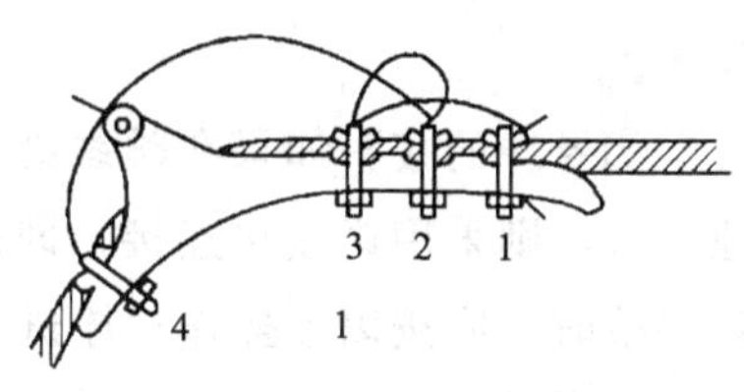

图5-38 耐张线夹固定法

9. 导线架设缺陷的预防

（1）容易产生的缺陷。

①导线出现背扣、死弯。

②多股导线出现松股、断股、抽筋。

③导线用钳接法连接时不紧密，钳接管有裂纹。

④裸导线绑扎处有伤痕。

⑤电杆档距内导线弛度不一致。

（2）原因分析。

①在放整盘导线时，没有采用放线架或其他放线工具；因放线办法不当，使导线出现背扣、死弯等现象。

②在电杆的横担上放线拉线，使导线磨损、蹭伤，严重时会造成断股。

③导线接头未按规范要求制作，工艺不正确。

④绑扎裸铝线时没有缠保护铝带。

⑤同一档距内，架设不同截面的导线，紧线方法不对，出现弛度不一致。

（3）预防措施。

①放线一般采用拖放法，将线盘架设在放线架上或其他放线

工具拖放导线。拖放导线前应沿线路清除障碍物，石砾地区应垫以隔离物（草垫），以免磨损导线。

②在放线段内的每根杆上挂一个开口放线滑轮（滑轮直径应不小于导线直径的 10 倍）。对于铝导线，应采用铝制滑轮或木滑轮，钢导线应用钢滑轮，也可用木滑轮，这样既省力又不会磨损导线。

③导线的接头如果在跳线处，可采用线夹连接；接头处在其他位置，则采用钳接法连接，即采用压接管连接。导线采用压接管连接时，应按以下操作程序进行：

a. 将准备连接的两个线头用线绑扎紧锯齐。

b. 导线连接部分表面，连接管内壁用汽油清洗干净，清洗导线长度等于可连接部分长度的 2 倍。

c. 清除导线表面和连接管内壁的氧化膜，防止接触电阻增加。在清除过程中，为防止再度氧化，应在连接管内壁和导线表面涂上一层中性凡士林，再用细钢丝刷在油层下擦刷，使之与空气隔绝。刷完后，如果凡士林较为干净，可不用擦掉，如凡士林已掺有杂质，则应擦掉重新涂一层凡士林擦刷，最后带凡士林油进行压接。

d. 当压接钢芯铝绞线时，连接管内两导线间要夹上铝垫片，填在两导线间，可增加接头握着力，并使接触良好。被压接的导线，应以搭接的方法，由管两端分别插入管内，使导线的两端穿过连接管露出管外 25～30 mm，并使连接管最边上的一个压坑位于被连接导线断头旁侧。压接时，导线端头应用绑线扎紧，以防松散。

e. 根据导线截面选择压模，调整压接钳上的支点螺钉，使适合于压模深度。

压接钢芯铝绞线时，压接顺序从中间开始，分别向两端进行。压接铝绞线时，压接顺序由导线断头端开始，按交错顺序向另一端进行。

每次压接时，当压接钳上杠杆顶住螺钉为止，此时保持一分钟后才能放开上杠杆，以保证压坑深度准确。压完一个，再压第二个，直到压完为止。压接后的压接管弯曲度不应大于管长的 2%，否则应用木槌敲直校正。其两端应涂刷油漆。

④裸铝导线与瓷瓶绑扎时，要缠 1 mm×10 mm 的小铝带，保护铝导线。

⑤同一档距内不同规格的导线，先紧大号线，后紧小号线，可以使弛度一致。断股的铝导线不能做架空线。

(4) 处理方法。导线多处出现背口、死弯、松股、抽筋、扭伤，应换新导线。架空线弛度不一致，应重新进行紧线然后校正。

二、杆上电气设备安装

1. 常用金具

在架空线路中，横担在电杆上固定，与绝缘子与导线的连接，导线之间的连接，电杆拉线等都需要一些金属附件，这些金属附件即电力线路上使用的金具。

常用的金具主要是指以黑色金属制造的附件和紧固件，包括横担、螺栓、拉线棒、各种抱箍及铁附件等。为延长使用寿命，保证电力工程输送电正常，除地脚螺栓外，均应采用热浸镀锌制品。

(1) 金具的种类。架空线路上常用金具如图 5-39 所示，电杆拉线常用的金具如图 5-40 所示。

(2) 金具的外观检查。架空电力线路使用的金具，属于国家标准产品，出厂时均经过严格检查。但由于特殊情况也可能会造成产品完整性和质量缺陷，因此为保证工程质量，安装前应按下列规定进行器具外观检查。

①表面应光滑洁净，无裂纹、毛刺、飞边、砂眼、气泡等缺陷。

②线夹船体压板与导线的接触面光滑。

③遇有局部锌皮剥落者，除锈后应涂红樟丹及油漆。

④螺栓表面不应有裂纹、砂眼、锌皮剥落及锈蚀等现象，螺

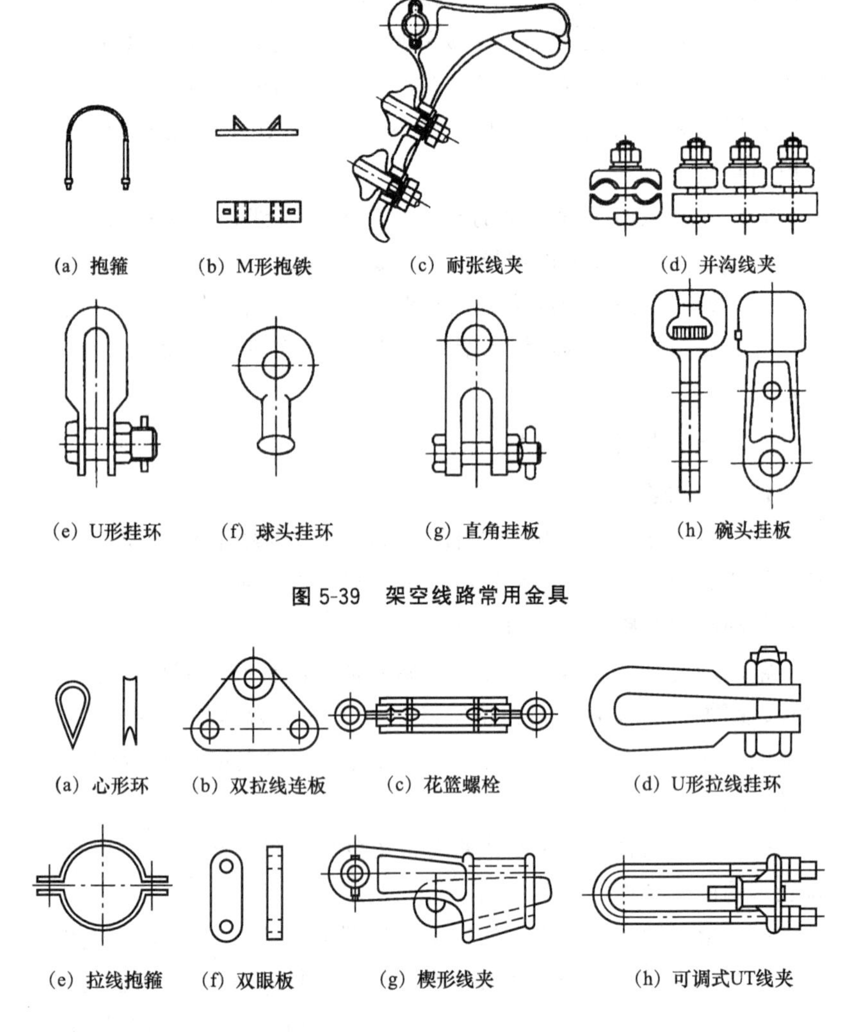

图 5-39 架空线路常用金具

图 5-40 拉线金具

杆与螺母的连接应良好。

⑤金具上的各种连接螺栓应有防松装置，采用的防松装置均应镀锌，弹力合适，厚度符合规定。

2. 安装要求

(1) 电杆上电气设备安装应牢固可靠；电气连接应接触紧

密；不同金属连接应有过渡措施；瓷件表面应光洁，无裂缝、破损等现象。

(2) 杆上变压器及变压器台的安装，其水平倾斜不大于台架根开的1/100；一、二次引线排列整齐、绑扎牢固；油枕、油位正常，外壳干净；接地可靠，接地电阻值符合规定；套管压线螺栓等部件齐全；呼吸孔道畅通。

(3) 跌落式熔断器的安装，要求各部分零件完整；转轴光滑灵活，铸件不应有裂纹、砂眼和锈蚀；瓷件良好，熔丝管不应有吸潮膨胀或弯曲现象；熔断器安装牢固、排列整齐，熔管轴线与地面的垂线夹角为 15°～30°；熔断器水平相间距离不小于 500 mm；操作时灵活可靠，接触紧密。

合熔丝管时上触头应有一定的压缩行程；上、下引线压紧；与线路导线的连接紧密可靠。

(4) 杆上断路器和负荷开关的安装，其水平倾斜不大于担架长度的1/100。当采用绑扎连接时，连接处应留有防水弯，其绑扎长度应不小于 150 mm。

外壳应干净，不应有漏油现象，气压不低于规定值。外壳接地可靠，接地电阻值应符合规定。

(5) 杆上隔离开关分、合操动灵活，操动机构机械销定可靠，分合时三相同期性好，分闸后，刀片与静触头间空气间隙距离不小于 200 mm；地面操作杆的接地（PE）可靠，且有标志。

(6) 杆上避雷器安装要排列整齐，高低一致，1～10 kV 间隔距离不应小于 350 mm，1 kV 以下间隔距离不应小于 150 mm。避雷器的引线应短而直且连接紧密，当采用绝缘线时，其截面应符合下列规定：

①引上线：铜线不小于 16 mm^2，铝线不小于 25 mm^2。

②引下线：铜线不小于 25 mm^2，铝线不小于 35 mm^2。引下线应接地可靠，接地电阻值符合规定，与电气部分连接，不应使避雷器产生外加应力。

(7) 低压熔断器和开关安装要求各部分接触应紧密，便于操

作。低压熔体安装要求无弯折、压偏、伤痕等现象。

3. 横担安装

(1) 横担的长度及受力情况。横担的长度选择可参照表5-38，横担类型及其受力情况可参照表5-39。

表5-38　横担长度选择表　(单位：mm)

横担材料	低压线路			高压线路		
	二线	四线	六线	二线	水平排列四线	陶瓷横担头部
铁	700	1 500	2 300	1 500	2 240	800

表5-39　横担类型及受力情况

横担类型	杆型	承受荷载
单横杆	直线杆，15°以下转角杆	导线的垂直荷载
双横担	15°～45°转角杆，耐张杆(两侧导线拉力差为零)	导线的垂直荷载
	45°以上转角杆，终端杆，分歧杆	1. 一侧导线最大允许拉力的水平荷载 2. 导线的垂直荷载
	耐张杆（两侧导线有拉利差），大跨越杆	1. 两侧导线拉力差的水平荷载 2. 导线的垂直荷载
带斜撑的双横担	终端杆，分歧干，终端型转角杆	1. 两侧导线拉利差的水平荷载 2. 导线的垂直荷载
	大跨越杆	1. 两侧导线拉利差的水平荷载 2. 导线的垂直荷载

(2) 横担的安装位置。直线杆的横担，应安装在受电侧；转角杆、分支杆、终端杆以及受导线张力不平衡的地方，横担应安装在张力的反方向侧；多层横担均应装在同一侧；有弯曲的电杆，横担均应装在弯曲侧，并使电杆的弯曲部分与线路的方向一致。

(3) 横担的组装方法。混凝土电杆横担组装方法如图5-41所示，混凝土电杆瓷横担组装方法如图5-42所示。

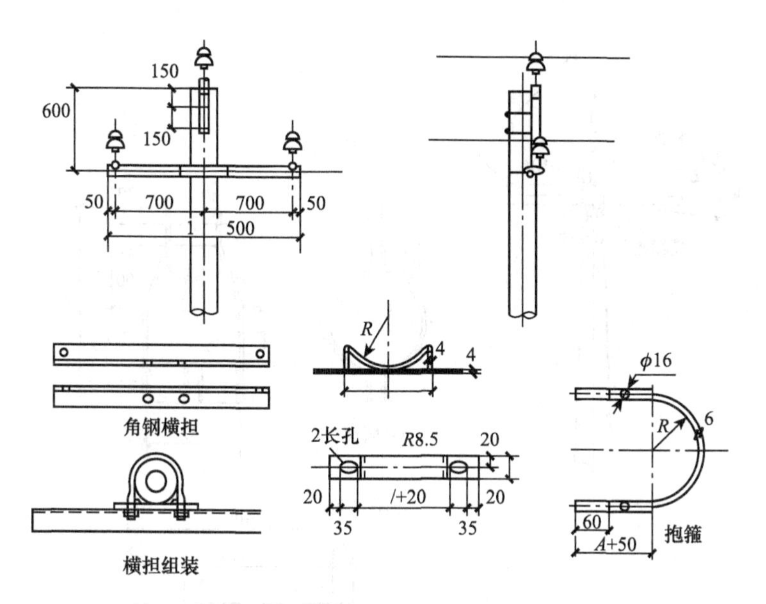

图 5-41 直线杆横担组装方法

（4）横担的安装要求。

①直线杆单横担应装于受电侧，90°转角杆及终端杆单横担应装于拉线侧。

②导线为水平排列时，上层横担距杆顶距离应大于 200 mm。

③横担安装应平整，横担端部上下歪斜、左右扭斜偏差均不得大于 20 mm。

④带叉梁的双杆组立后，杆身和叉梁均不应有鼓肚现象。叉梁铁板、抱箍与主杆的连接牢固、局部间隙不应大于 50 mm。

⑤10 kV 线路与 35 kV 线路同杆架设时，两条线路导线之间垂直距离不应小于 200 mm。

⑥高、低压同杆架设的线路，高压线路横担应在上层。架设同一电压等级的不同回路导线时，应把线路弧垂较大的横担放置在下层。

⑦同一电源的高、低压线路宜同杆架设。为了维修和减少停电，直线杆横担数不宜超过 4 层（包括路灯线路）。

⑧螺栓的穿入方向应符合下列规定。

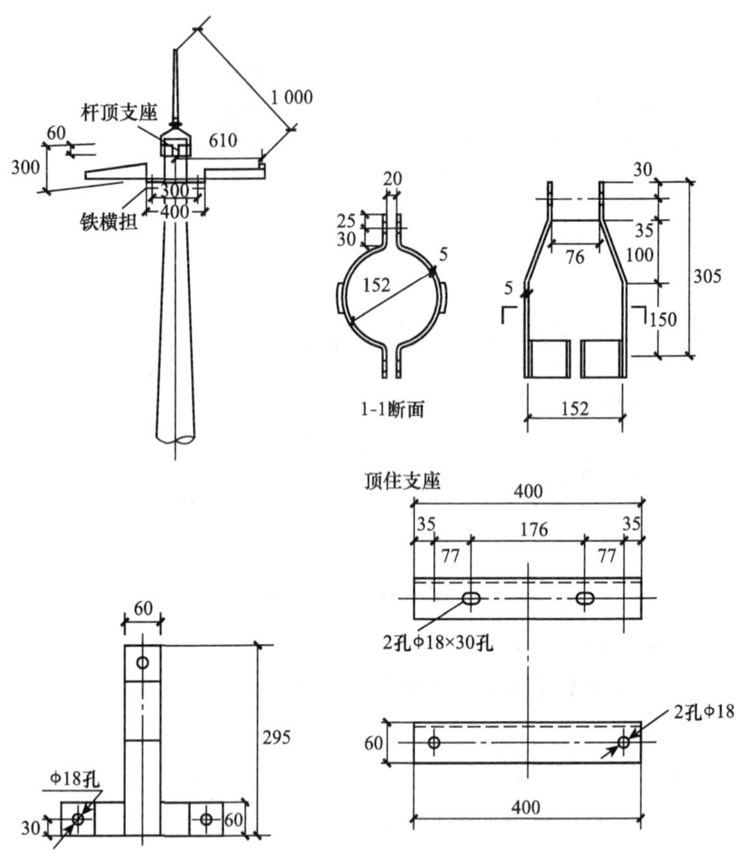

图 5-42 混凝土电杆（梢径 φ150）瓷横担组装方法

a. 对平面结构：顺线路方向，单面构件由送电侧穿入或按统一方向；横线路方向，两侧由内向外，中间由左向右（面向受电侧）或按统一方向；双面构件由内向外；垂直方向，由下向上。

b. 对立体结构：水平方向由内向外；垂直方向，由下向上。

⑨以螺栓连接的构件，螺杆应与构件面垂直，螺头平面与构件间不应有空隙。螺栓紧好后，螺杆螺纹露出的长度：单螺母不应少于 2 扣；双螺母可平扣。必须加垫圈者，每端垫圈不应超过 2 个。

（5）横担施工要求。

①当架空导线采取水平排列时，应从钢筋混凝土电杆杆顶向

下量 200 mm，然后安装 U 形抱箍。此时 U 形抱箍从电杆背部抱过杆身，抱箍螺扣部分应置于受电侧。在抱箍上安装好 M 形抱铁，再在 M 形抱铁上安装横担。

在抱箍两端各加一个垫圈并用螺母固定，但是先不要拧紧螺母，应留有一定的调节余地，待全部横担装上后再逐个拧紧螺母。

②当架空导线进行三角排列时，杆顶支持绝缘子应使用杆顶支座抱箍。如使用 a 型支座抱箍，可由杆顶向下量取 150 mm，应将角钢置于受电侧，然后将抱箍用 M16 mm×70 mm 方头螺栓，穿过抱箍安装孔，用螺母拧紧固定。安装好杆顶抱箍后，再安装横担。

横担的位置由导线的排列方式来决定，导线采用正三角排列时，横担距离杆顶抱箍为 0.8 m；导线采用扁三角排列时，横担距离杆顶抱箍为 0.5 m。

③瓷横担安装应符合下列规定：

a. 垂直安装时，顶端顺线路歪斜不应大于 10 mm。

b. 水平安装时，顶端应向上翘起 5°～10°，顶端顺线路歪斜不应大于 20 mm。

c. 全瓷式瓷横担的固定处应加软垫。

d. 电杆横担安装好以后，横担应平正。双杆的横担，横担与电杆的连接处的高差不应大于连接距离的 5‰；左右扭斜不应大于横担总长度的 1/100。

e. 同杆架设线路横担间的最小垂直距离见表 5-40。

表 5-40　同杆架设线路横担间的最小垂直距离　（单位：m）

架设方式	直线杆	分支或转角杆
1～10 kV 与 1～10 kV	0.80	0.50
1～10 kV 与 1 kV 以下	1.20	1.00
1 kV 以下与 1 kV 以下	0.60	0.30

4. 绝缘子安装

(1) 外观检查。绝缘子安装前的检查，是保证安全运行的必

要条件。外观检查应符合下列规定。

①瓷件及铁件应结合紧密，铁件镀锌良好。

②瓷釉光滑，无裂纹、缺釉、斑点、烧痕、气泡或瓷釉烧坏等缺陷。

③严禁使用硫黄浇灌的绝缘子。

④绝缘子上的弹簧锁、弹簧垫的弹力适宜。

(2) 绝缘电阻测量。安装的绝缘子的额定电压应符合线路电压等级的要求，安装前应进行外观检查和测量绝缘电阻。35 kV架空电力线路的盘形悬式瓷绝缘子，安装前应采用不低于5 kV的绝缘电阻表逐个进行绝缘电阻测定，及时有效地检查出绝缘子铁帽下的瓷质的裂缝。在干燥的情况下，绝缘电阻值不得小于500 MΩ。玻璃绝缘子因有自爆现象，故不规定对它逐个摇测绝缘值。

如果有条件，最好作交流耐压试验，以防止使用不合格品。悬式绝缘子的交流耐压试验电压应符合表5-41的规定。

表5-41　悬式绝缘子的交流耐压试验电压标准

<table>
<tr><td rowspan="7">型号</td><td rowspan="7">XP2—70</td><td>XP—70</td><td>XP1—160</td><td>XP1—210</td></tr>
<tr><td>LXP1—70</td><td>LXP1—160</td><td>LXP1—210</td></tr>
<tr><td>XP1—70</td><td>XP2—160</td><td>XP—300</td></tr>
<tr><td>XP—100</td><td>LXP2—160</td><td>LXP—300</td></tr>
<tr><td>LXP—100</td><td>XP—160</td><td>—</td></tr>
<tr><td>XP—120</td><td>LXP—160</td><td>—</td></tr>
<tr><td>LXP—120</td><td>—</td><td>—</td></tr>
<tr><td>试验电压/kV</td><td>45</td><td colspan="2">55</td><td>60</td></tr>
</table>

(3) 绝缘子安装施工。绝缘子组装时应防止瓷裙积水。耐张串上的弹簧销子、螺栓及穿钉应由上向下穿，当有特殊困难时，可由内向外或由左向右穿入；悬垂串上的弹簧销子、螺栓及穿钉应向受电侧穿入。

绝缘子的安装应遵守以下规定。

①绝缘子在安装时，应清除表面灰土、附着物及不应有的涂料，还应根据要求进行外观检查和测量绝缘电阻。

②安装绝缘子采用的闭口销或开口销不应有断、裂缝等现象，工程中使用闭口销比开口销具有更多的优点，当装入销口后，能自动弹开，不需将销尾弯成45°，拔出销孔也比较容易，具有销柱可靠、带电装卸灵活的特点。当采用开口销时应对称开口，开口角度应为30°～60°。工程中严禁用线材或其他材料代替闭口销、开口销。

③绝缘子在直立安装时，顶端顺线路歪斜不应大于10 mm；在水平安装时，顶端宜向上翘起5°～15°，顶端顺线路歪斜不应大于20 mm。

④转角杆的瓷横担绝缘子应装在支架的外角侧，顶端竖直的瓷横担支架应安装在转角的内角侧。

⑤全瓷式瓷横担绝缘子的固定处应加软垫。

第六节 施工现场照明

一、常用照明器的悬挂高度

照明器的悬挂高度主要考虑防止眩光，以保证照明质量和安全，照明器距地面最低悬挂高度见表5-42。

表5-42 照明器距地面最低悬挂高度

光源种类	灯具形式	光源功率/W	最低悬挂高度/m
白炽灯	有反射罩	≤60	2.0
		100～150	2.5
		200～300	3.5
		≥500	4.0
	有乳白玻璃反射罩	≤100	2.0
		150～200	2.5
		300～500	3.0

（续表）

光源种类	灯具形式	光源功率/W	最低悬挂高度/m
卤钨灯	有反射罩	≤500 1 000～2 000	6.0 7.0
荧光灯	无反射罩	＜40 ＞40	2.0 3.0
	有反射罩	≥40	2.0
荧光高压汞灯	有反射罩	≤125 250 ≥400	3.5 5.0 6.5
高压汞灯	有反射罩	≤125 250 ≤400	4.0 5.5 6.5
金属卤化物灯	搪瓷反射罩 铝抛光反射罩	400 1 000	6.0 4.0
高压钠灯	搪瓷反射罩 铝抛光反射罩	250 400	6.0 7.0

（1）表中规定的灯具最低悬挂高度在下列情况可降低0.5 m，但不应低于 2 m。

①一般照明的照度低于 30 lx 时。

②房间长度不超过灯具悬挂高度的 2 倍。

③人员短暂停留的房间。

（2）金属卤化物灯为铝抛光反射罩时，当有紫外线防护措施时，悬挂高度可适当降低。

二、常用照明器的选用与安装

1. 照明器的选择

（1）照明器开关频繁，需要及时点亮调光的场所，或因频闪效应影响视觉效果的场所，宜采用白炽灯或卤钨灯。

（2）识别颜色要求较高、视觉条件要求较好的场所，宜采用日光色荧光灯、白炽灯或卤钨灯。

（3）振动较大的场所，宜采用荧光高压汞灯或高压钠灯。有高挂条件并需要大面积照明的场所，宜采用金属卤化物灯或长弧氙灯。

（4）对于一般性产生用工棚间、仓库、宿舍、办公室和工地道路等，应优先考虑选用成本低廉的白炽灯和荧光灯。

2. 照明器的安装要求

（1）安装的照明器应配件齐全，无机械损伤和变形，灯罩无损坏。

（2）螺口灯头接线处须相线接中心端子，中性线接螺纹端子。灯头不能有破损和漏电。

（3）照明器使用的导线最小线芯截面面积应符合表 5-43 的规定。截面允许载流量必须满足灯具要求。

（4）照明器的安装高度。当设计无要求时，照明器的安装高度和使用电压等级应遵循相关规定。一般敞开式照明器，灯头对地面距离不小于下列数值（采用安全电压时除外）：室外 2.5 m（室外墙上安装）；厂房 2.5 m；室内 2 m；软吊线带升降器的灯具在吊线展开后 0.8 m。危险性较大及特殊危险场所，当照明器距地面高度小于 2.4 m 时，使用额定电压为36 V及以下的照明器应有专用保护措施。

表 5-43　导线最小线芯截面面积

安装场所及用途		线芯最小截面面积/mm²		
		铜芯敷线	铜线	铝线
照明灯光线	民用建筑室内	0.5	0.5	2.5
	工业建筑室内	0.5	0.8	2.5
	室外	1.0	1.0	2.5
移动式用电设备	生活用	0.4	—	—
	生产用	1.0	—	—

（5）软线吊灯重量限 1 kg 以下。灯具重量超过 1 kg 时，应采用吊链或钢管吊装灯具。采用吊链时，灯线宜与吊链编叉在

一起。

（6）事故照明灯具应有特殊标志。

三、室外照明器的安装

1. 照明器使用的环境条件

（1）正常湿度时，选用开启式照明器。

（2）在潮湿或特别潮湿的场所，选用密闭型防水、防尘照明器或配有防水灯头的开启式照明器。

（3）含有大量尘埃但无爆炸和火灾危险的场所，采用防尘照明器。

（4）对有爆炸和火灾危险的场所，必须按危险场所等级选择相应的照明器。

（5）在振动较大的场所，应选用防振型照明器。

（6）对有酸碱等强腐蚀的场所，应采用耐酸碱型照明器。

2. 特殊场合照明器

（1）隧道，人防工程，有高温、导电灰尘或灯具离地面高度低于 2.4 m 等场所的照明，电源电压应不大于 36 V。

（2）在潮湿和易触及带电体场所的照明电源电压不得大于 24 V。

（3）在特别潮湿的场所，导电良好的地面、锅炉或金属容器内工作的照明电源电压不得大于 12 V。

3. 行灯使用要求

（1）电源电压不得超过 36 V。

（2）灯体与手柄应坚固、绝缘良好并耐热耐潮湿。

（3）灯应与灯体结合牢固，灯头上无开关。

（4）灯泡外面有金属保护网。

（5）金属网、泛光罩、悬挂吊钩固定在灯具的绝缘部位。

4. 照明系统中灯具、插座的数量

在照明系统的每一单相回路中，灯具和插座的数量不宜超过 25 个，并应装设熔断电流为 15 A 及 15 A 以下的熔断器保护。一方面是为了三相负荷的平均分配，另一方面也为是便于控制，防

止互相影响。

5. 照明线路

施工现场照明线路的引出处，一般是从总配电箱处单独设置照明配电箱。为了保证三相平衡，照明干线应采用三相线与工作中性线同时引出的方式（也可以根据当地供电部门的要求和工地具体情况），照明线路也可从配电箱内引出，但必须装设照明分路开关，并注意各分配电箱引出的单相照明应分相接地，尽量做到三相平衡。

（1）单相及两相线路中，中性线截面面积与相线截面面积相同。

（2）三相四线制线路中，当照明器为白炽灯时，中性线截面面积按相线载流量的50%选择；当照明器为气体放电灯时，中性线截面面积按最大负载相的电流选择。

（3）在逐相切断的三相照明电路中，中性线截面面积与相线截面面积相同，若数条线路共用一条中性线时，中性线截面面积按最大负荷相的电流选择。

6. 室外照明装置

（1）照明灯具的金属外壳必须接零。单相回路的照明开关箱（板）内必须装设漏电保护器。

（2）室外灯具距地面不得低于3 m，钠、铊、铟等金属卤化物灯具的安装高度应离地5 m以上。灯线应固定在接线柱上，不得靠近灯具表面。灯具内接线必须牢固。

（3）路灯的每个灯具应单独装设熔断器保护。灯头线应做防水弯。

（4）荧光灯管应用管座或吊链固定。悬挂镇流器不得安装在易燃结构上。露天设置应有防雨设施。

（5）投光灯的底座应安装牢固，按需要的光轴方向将枢轴拧紧固定。

（6）施工现场夜间影响飞机或车辆通行的建设中的工程设备（塔式起重机等高突设备），必须安装醒目的红色信号灯，其电源

线应设在电源总开关的前侧。这主要是为了保证夜间红色信号灯不因工地其他照明灯具停电而熄灭。

四、室内照明器的安装

1. 室内照明灯具的选择及接线要求

（1）室内灯具的装设高度不得低于 2 m。

（2）室内螺口灯头的接线。相线接在与中心触头相连的一端，中性线接在与螺纹口相连接的一端。灯头的绝缘外壳不得有破损和漏电。

（3）在室内的水磨石、抹灰施工现场、食堂、浴室等潮湿场所的灯及吊盒应使用瓷质防水型，并应配置瓷质防水拉线开关。

（4）任何电器、灯具的相线必须经开关控制，不得将相线直接引入灯具、电器。

（5）在用易燃材料作顶棚的临时工棚或防护棚内安装照明灯具时，灯具应有阻燃底座或阻燃垫，并使灯具与可燃顶棚保持一定距离，防止引起火灾。对安装在易燃材料存放的场所和危险品仓库的照明器材，应选用符合防火要求的电器器材或采取其他防护措施。

（6）工地上使用的单相 220 V 生活用电器，如食堂内的鼓风机、电风扇、电冰箱，应使用专用漏电保护器控制，并设有专用保护中性线。电源线应采用三芯的橡皮电缆线。固定式应穿管保护，管子要固定。

2. 开关电器的设置

（1）暂设工程的照明灯宜采用拉线开关。开关距地面高度为 2.3 m，与出、入口的水平距离为 0.15～0.2 m。接线的出口应向下。

（2）其他开关距地面高为 1.3 m，与出、入口的水平距离为 0.15～0.2 m。

（3）对施工人员的临时宿舍内的照明装置及插座要严格管理。如有必要，可对施工人员宿舍的照明采用 36 V 安全电压照明。防止施工人员私拉、乱接电炊具或违章使用电炉。

（4）如照明采用变压器，则必须使用双绕组型，严禁使用自耦式变压器，携带式变压器的一次侧电源引线应采用橡皮护套电缆或塑料护套软线。其中，黄/绿双色线作保护中性线用，中间不得有接头，长度不宜超过 3 m，电源插销应选用有接地触头的插销。

（5）为移动式电器和设备提供电源的插座必须安装牢固，接线正确。插座容量一定要与用电设备容量一致，单相电源应采用单相三孔插座，三相电源应采用三相四孔插座，不得使用等边圆孔插座。单相三孔插座接线，面对插座时左孔接工作中性线，右孔接相线，上孔接保护中性线或接地线，严禁将上孔与左孔用导线连接。三相四孔插座接线，面对插座时左孔接 L1 相线，下孔接 L2 相线，右孔接 L3 相线，上孔接保护中性线或接地线，如图 5-43 所示。图 5-44 所示为正确的安装方式与错误的安装方式的比较。

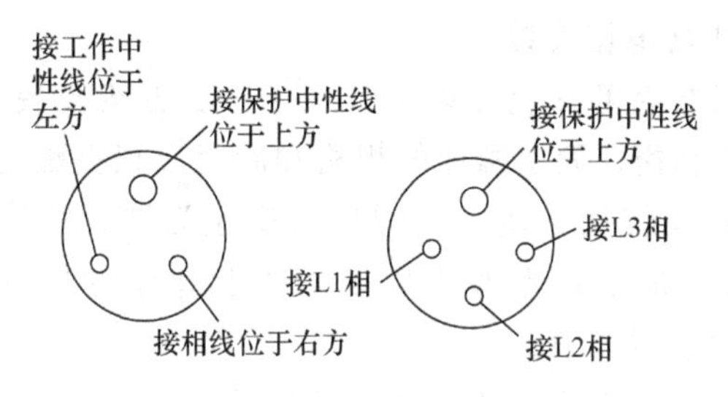

图 5-43　插座接线

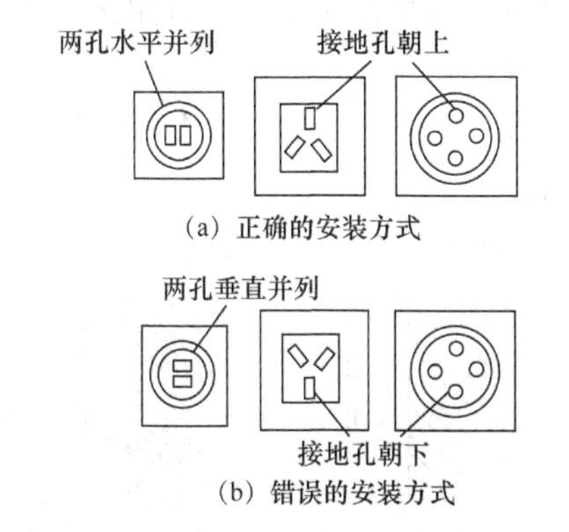

（a）正确的安装方式

（b）错误的安装方式

图 5-44　插座安装的正确和错误方式比较

五、照明配电箱的安装

1. 照明配电箱安装的要求

(1) 配电箱内有交、直流或不同电压时，应各有明显的标志或分设在单独的板面上。

(2) 导线引出板面均应套有绝缘管。

(3) 配电箱安装垂直偏差不应大于1.5/1 000。暗设时，其面板四周边缘应紧贴墙面，箱体与建筑物接触的部分应刷防腐漆。

(4) 照明配电箱的安装高度，底边距地面一般为1.5 m，照明配电板底边距地面不应小于1.8 m。

(5) 三相四线制供电的照明工程，其各相负荷应均匀分配。

(6) 配电箱内装设的螺旋式熔断器（RL1型），其电源线应接在中间触点的端子上，负载接在螺纹的端子上。

(7) 配电箱上应标明用电回路的名称。

2. 悬挂式配电箱安装

悬挂式配电箱可安装在墙上或柱子上。直接安装在墙上时，应先埋设固定螺栓，固定螺栓的规格和间距应根据配电箱的型号规格及重量和安装尺寸决定。螺栓长度应为埋设深度（一般为120～150 mm）加上箱壁厚度以及螺母和垫圈的厚度，再加上3～4扣螺纹余量的长度。

配电箱安装在支架上时，应先将支架加工好，然后将支架埋设固定在墙上或用抱箍固定在柱子上，再用螺栓将配电箱安装在支架上并调整使其水平和垂直。

图5-45和图5-46所示分别为悬挂式配电箱的安装和支架固定配电箱的示意图。

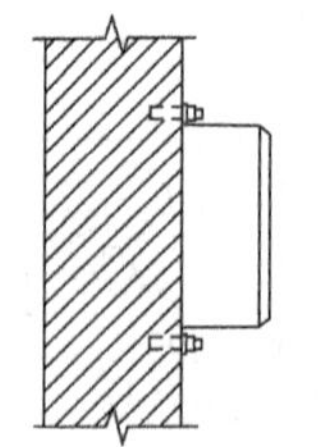

(a) 两孔水平并列

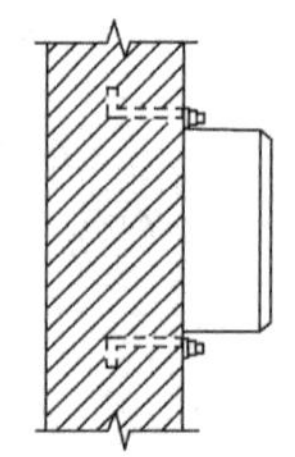

(b) 墙上螺栓安装

图5-45 悬挂式配电箱的安装

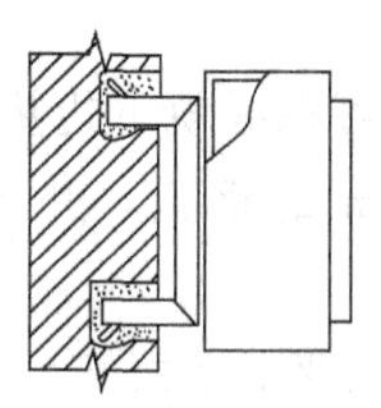
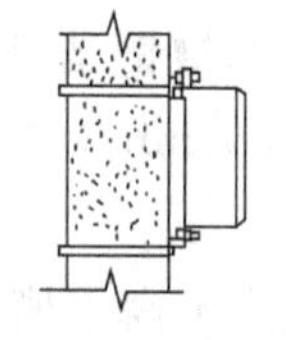

(a) 用预埋支架固定　　(b) 用抱箍支架固定

图 5-46　支架固定配电箱

3. 嵌入式暗装配电箱的安装

嵌入式暗装配电箱的安装，如图 5-47 所示。

图 5-47　嵌入式暗装配电箱

第七节　电梯的安装

一、导轨安装

1. 安装导轨基础座

（1）在底坑地面安装固定导轨槽钢基础座，其中心应与轿厢导轨中心线重合。

（2）槽钢基础座找平后在槽钢两端边缘各打一条 M16 膨胀螺栓将槽钢与底坑地面连接固定，底坑如有结构钢筋也可与钢筋焊接。槽钢基础座水平度误差不大于 1/1 000。

（3）槽钢基础座位置确定后，用混凝土将其四周灌实抹平。槽钢基础座两端用来固定导轨的角钢架，先用轿厢导轨中心线找

正后，再进行固定。

(4) 若导轨下无槽钢基础座，可在导轨下边垫一块厚度 $\delta \geq$ 12 mm，面积为 200 mm×200 mm 的钢板，并与导轨用电焊点焊。

(5) 底坑地面应不高于槽钢基础座上平面。

(6) 采用油润滑的导轨，需在立基础导轨前将其下端距地平 40 mm 高的一段工作面部分锯掉，以留出接油盒的位置。或在导轨下留有接油沟槽，油直接流入放置在一侧的接油盒内。

2. 导轨安装

导轨安装，如图 5-48 所示。

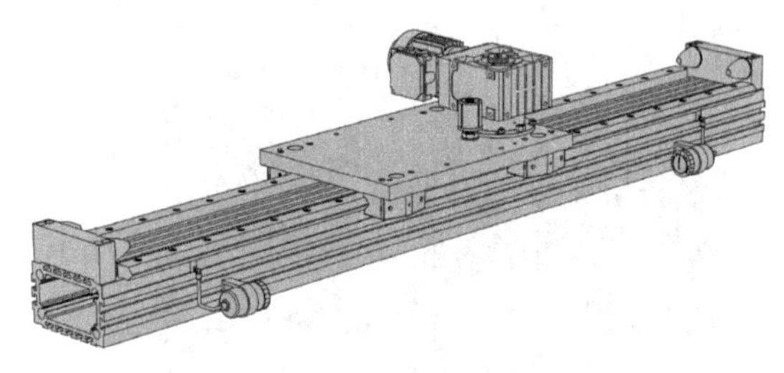

图 5-48 导轨安装

(1) 在顶层楼板中心孔洞处挂一滑轮，并固定牢固，用来吊装导轨。

(2) 楼层高于 12 层及以上可考虑使用卷扬机吊装轨道，低于 12 层可使用尼龙绳（或钢丝绳）人力吊装，尼龙绳（或钢丝绳）直径应大于 25 mm，吊装导轨时要采用双钩勾住导轨连接板。

(3) 导轨的凸榫头应朝上，应清除榫头上的灰尘，确保接头处的缝隙符合规范要求。

(4) 安装轨道的同时要安装压道板并在导轨和支架之间填塞 1～2 mm 垫片，最上一根轨道顶端与楼板间距不大于100 mm。长出多余的导轨应使用砂轮锯掉，严禁使用气焊切割。

3. 调整导轨

(1) 拆除导轨支架安装线，在样板上确定的轿厢导轨中心线位置放轿厢导轨中心线，并固定好。

（2）用钢直尺检查导轨端面与轿厢导轨中心线之间的距离，在导轨支架与导轨间用加减垫片的方法调整，使各测量点导轨端面与轿厢导轨中心线之间的距离一致。

（3）调整导轨应使用标准的找道尺。在测量处将找道尺放平，同时调整两端与导轨端面距离约 0.5 mm。

二、轿厢安装

1. 安装轿厢底盘

轿厢底盘的安装，如图 5-49 所示。

图 5-49　安装轿厢底盘

（1）用吊链配合人工将轿厢底盘就位，使其与立柱、底梁用螺栓连接，但不要拧紧。装上斜拉杆进行调整，轿厢底盘水平度偏差不大于 1/1 000，底盘调整水平后用四条拉杆将立柱和轿厢底盘连接，将螺母旋到根部后，把螺母锁紧。

（2）若轿厢底盘为活动结构，先将轿厢底盘托架安装调整好，再将减振器安装在轿厢底盘托架上，将轿厢底盘轻轻吊起，缓缓就位，使减振器上的螺栓逐个插入到轿厢底盘的螺孔中。按安装图样尺寸调整底盘与该层厅门地坎的间隙，并调整底盘水平度，如果底盘不平，可在减振器处添加垫片进行调整。底盘水平度偏差应不大于 1/1 000。轿底定位螺栓应在电梯满载后与轿厢底盘保持 2 mm 间隙。

（3）安装安全钳拉杆，拉杆顶部要用双螺母拧紧。

2. 安装导靴

导靴的安装如图 5-50 所示。

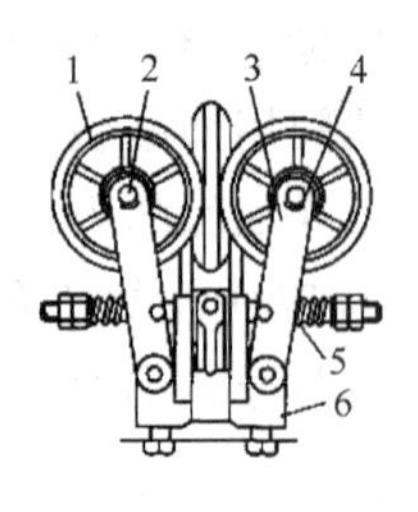

图 5-50 导靴

1—滚轮；2—轮轴；3—轮壁；4—轴承；5—弹簧；6—靴座

(1) 安装导靴时放下一根垂线，保证上、下导靴中心与安全钳中心 3 点在同一条垂线上。

(2) 固定式导靴要调整其间隙一致，内衬与导靴端面间隙两侧之和为 2.5 mm。

(3) 弹簧式导靴应按照厂家要求调整弹簧位置，使各导靴受力相同，保持轿厢平衡。

(4) 滚轮导靴应安装平整，两侧滚轮对导轨压紧后，两轮压力应相同（压力弹簧调整尺寸按厂家规定调整）。滚轮应与导轨工作面压紧，正面滚轮中心应对准导轨端面中心。

3. 安装围扇

(1) 按图样确定围扇位置，将围扇之间的保护膜去除后，将轿厢后侧两拐角处围扇进行拼装，组装好的围扇放入轿厢踢脚板上，并穿入螺栓固定（各连接螺栓要加相应的弹簧垫圈），然后依次安装相邻各个围扇。

(2) 围扇底座下有缝隙时，要在缝隙处加调整垫片垫实。

(3) 用钢直尺靠近两围扇拼接缝处，确认接缝处平整符合要求后紧固螺栓。

(4) 所有围扇安装完毕后，将轿顶落在围扇上，调整围扇垂直度误差不大于 1/1 000 后紧固所有连接螺栓。

4. 安装轿门

(1) 轿厢开关门机构安装于轿顶，整个机构包括电动机、传动臂、轿门导轨、门挂板及门板，轿厢门板安装在门挂板上，门挂板及门板悬挂安装在轿门导轨上，通过传动臂由电动机驱动运行。安装时应调整轿门导轨与轿厢体平行后再紧固。

（2）安全触板安装就位，具体调整应按厂家技术文件执行。层门全部打开后，安全触板端面和轿门端面应在同一垂直平面上。触板运行应灵活可靠，线缆活动部位应无剐蹭，如图 5-51 所示。

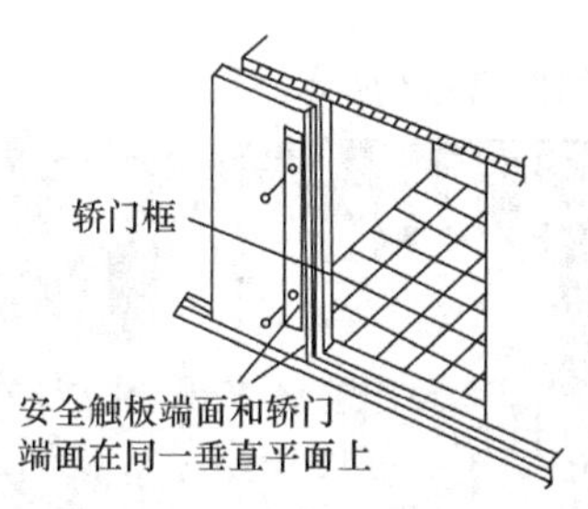

图 5-51 安全触板安装示意

（3）门刀可根据现场条件适时安装，开门门刀端面、侧面的垂直误差均不大于 0.5 mm，并达到厂家规定的其他要求。

5. 安装轿顶装置

（1）轿顶接线盒、电缆、感应开关等应按图样及厂家技术要求安装。

（2）安装检查调整开门机构使其符合厂家的有关设计要求。

（3）轿顶防护栏应按厂家设计安装，并应符合《电梯制造与安装安全规范》（GB 7588—2003）要求。防护栏应由扶手、护脚板和位于护栏高度一半的中间护栏组成，防护栏的扶手高度应满足下列要求：

①当自由距离不大于 850 mm 时，应不小于 700 mm；

②当自由距离大于 850 mm 时，应不小于 1 100 mm。

（4）平层感应器按厂家设计图样安装，并找平找正。各侧面应在同一垂直面上，垂直度偏差不大于 1 mm。

（5）超满载开关在底盘下的，应在调试中由调试人员根据电梯载重量调整。

（6）称重装置在轿顶的，应在挂钢丝绳前安装完成，并用塑料布包裹、遮盖，以免进杂物。

6. 安装限位开关碰铁

安装前对限位开关碰铁进行检查，有扭曲、弯曲现象应进行

调整。碰铁安装要牢固，且应采用加弹簧垫圈的螺栓固定。根据图样位置将碰铁安装就位，并用线坠找直，垂直度误差应不大于1/1 000。

三、电气装置安装

1. 安装控制柜

控制柜的安装如图5-52所示。

图5-52　安装控制柜

(1) 根据机房布置图及现场情况确定控制柜位置。控制柜与门窗、墙的距离不小于600 mm，控制柜的维护侧与墙壁的距离不小于600 mm，柜的封闭侧不小于50 mm。双面维护的控制柜成排安装时，其长度超出5 m时，两端宜留出入通道宽度不小于600 mm，控制柜与设备的距离不宜小于500 mm。

(2) 控制柜的过线盒要按安装图的要求用膨胀螺栓固定在机房地面上。若无控制柜过线盒，则要用10号槽钢制作柜底座或混凝土底座，底座高度为50～100 mm。

(3) 多台柜并列安装时，其间应无明显缝隙，且柜面应在同一平面上。

(4) 小型的励磁柜安装在距地面高1 200 mm以上的金属支架上（以便调整）。

2. 安装极限开关

(1) 根据布置图，若极限开关选用墙上安装方式时，要安装在机房门入口处，要求开关底部距地面高度1.2～1.4 m。当梯井极限开关钢丝绳位置和极限开关不能上下对应时，可在机房顶板上装导向滑轮，导向滑轮位置应正确，动作灵活、可靠。极限开关、导向滑轮支架分别用膨胀螺栓固定在墙上和楼板上。钢丝绳在开关手柄轮上应绕3～4圈，其作用力方向应保证使闸门跳开，切断电源。

(2) 根据布置图位置，若在机房地面上安装极限开关时，要按开关能和梯井极限绳上、下对应来确定安装位置。极限开关支架用膨胀螺栓固定在机房地面上。

3. 安装中间接线盒

(1) 中间接线盒设在梯井内，其高度按下式确定。

高度（最底层厅门地坎至中间接线盒底的垂直距离）=1/2（电梯行程）+1 500 mm+200 mm。

若中间接线盒设在夹层或机房内，其高度（盒底）距夹层或机房地面不低于300 mm。若电缆直接进入控制柜时，可不设中间接线盒。

(2) 中间接线盒水平位置要根据随行电缆既不能碰轨道支架又不能碰厅门地坎的要求来确定。若梯井较小，轿箱地坎和中间接线盒在水平位置上的距离较近时，要统筹计划，其间距不得小于40 mm。

4. 安装缓速开关、限位开关及其碰铁

(1) 碰铁应无扭曲、变形，安装后调整其垂直偏差不大于长度的1/1 000，最大偏差不大于3 mm（碰铁的斜面除外）。

(2) 缓速开关、限位开关的位置。

一般交流低速电梯（1 m/s及以下），开关的第一级作为强迫减速，将快速运行转换为慢速运行。第二级应作为限位用，当轿厢因故超过上、下端站50～100 mm时，即切断顺方向控制电路。

上、下端站强迫减速装置有一级或多级减速开关，这些开关的动作时间略滞后于同级正常减速动作时间。当正常减速失效时，装置按照规定级别进行减速。

(3) 开关安装应牢固，安装后要进行调整，使其碰轮与碰铁可靠接触，开关触点可靠动作，碰轮略有压缩余量。碰轮距碰铁边不小于5 mm。开关碰轮的安装方向应符合要求，以防损坏。

5. 安装感应开关和感应板

(1) 无论是装在轿厢上的平层感应开关及开门感应开关，还

是装在轨道上的选层、截车感应开关（此种是没有选层器的电梯），其形式基本相同。安装应横平竖直，各侧面应在同一垂直面上，其垂直偏差不大于 1 mm。

（2）感应板安装应垂直，插入感应器时宜位于中间，若感应器灵敏度达不到要求时，可适当调整感应板，但与感应器内各侧间隙不小于 7 mm。

（3）感应板应能上、下、左、右调节，调节后螺栓应可靠锁紧，电梯正常运行时不得与感应器产生摩擦，严禁碰撞。

6. 指示灯、按钮、操纵盘安装

（1）指示灯盒、按钮盒、操纵盘箱安装应横平竖直，其误差应不大于 1.5/1 000，指示灯盒中心与厅门中线偏差不大于 5 mm。

（2）指示灯、按钮、操纵盘的面板应盖平，遮光罩良好，不应有漏光和串光现象。

（3）按钮及开关应灵活可靠，不应有阻塞现象。

四、液压电梯安装

1. 一般规定

液压系统安装规定如下：

（1）液压泵站及液压顶升机构的安装必须按土建布置图进行。顶升机构必须安装牢固，缸体垂直度严禁大于 4/1 000。

（2）液压管路应可靠连接，且无渗漏现象。

（3）液压泵站油位显示应清晰、准确。

（4）显示系统工作压力的压力表应清晰、准确。

2. 液压缸体安装

（1）底座安装。液压缸底座用配套的膨胀螺栓固定在基础上，中心位置与图样尺寸相符，液压缸底座的中心与液压缸中心线的偏差不大于 1 mm。液压缸底座顶部的水平偏差不大于 1/600。液压缸底座立柱的垂直偏差（正、侧面两个方向测量）全高不大于 0.5 mm。液压缸底座垂直度可用垫片配合调整。如果液压缸和底座不用螺栓连接，可采用下述方法固定：液压缸在底座平台上前、后、左、右四个方向用四块挡板三面焊接加以固定，挡住液压缸防止其移动。

（2）液压缸安装。在对着将要安装液压缸的中心位置的顶部固定手拉葫芦。用手拉葫芦慢慢地将液压缸吊起，当液压缸底部超过液压缸底座 200 mm 时停止起吊，使液压缸慢慢下落，并轻轻转动缸体，对准安装孔，然后穿上固定螺栓。用 U 形卡子把液压缸固定在相应的液压缸支架上，但不要把 U 形卡子螺栓拧紧（以便调整）。调整液压缸中心，使之与样板基准线前、后、左、右偏差均小于 2 mm。

（3）用通长的线坠、钢直尺测量液压缸的垂直度。正面、侧面进行测量，测量点在离液压缸端点或接口 15～20 mm 处，全长偏差应在 0.4/1 000 以内。按上述所规定的要求测量好后，上紧螺栓，然后再进行校验，直到合格为止。液压缸找好固定位置后，应把支架可调部分焊接以防位移。

（4）上液压缸顶部安装有一块压板，下液压缸顶部装有一吊环，该压板及吊环是液压缸搬运过程中的保护装置和吊装点，安装时应拆除。

（5）两液压缸对接部位应连接平滑，螺纹旋转到位，无台阶，否则必须在厂方技术人员的指导下方可处理，不得擅自打磨。

（6）液压缸抱箍与液压缸接合处，应使液压缸自由垂直，不得使缸体产生拉力变形。

（7）液压缸安装完毕，柱塞与缸体结合处必须进行防护，严禁杂质进入。

3. 安装液压缸顶部的滑轮组件

用手拉葫芦将滑轮吊起将其固定在液压缸顶部，然后再将梁两侧导靴嵌入轨道，落到滑轮架上并安装螺栓，梁找平后紧固螺栓。根据道距的不同，梁设计有两种规格，770 mm 梁组件适用于 800～900 mm 规格，920 mm 梁组件适用于 950 mm 规格。液压缸中心、滑轮中心必须符合图样及设计要求，误差不应超过 0.5 mm。

4. 泵站安装

液压电梯的电动机、油箱及相应的附属设备集中装在同一箱体内，称为泵站。泵站的运输、吊装、就位要由起重工配合

操作。

(1) 泵站吊装时用吊索拴住相应的吊装环，在钢丝绳与箱体棱角接触处要垫上布、纸板等细软物以防吊起后钢丝绳将箱体的棱角、漆面磨坏。

(2) 泵站运输要避免磕碰和剧烈振动。

(3) 泵站安装。机房的布置要按厂家的平面布置图，且参照现场的具体情况统筹安排。一般泵站箱体距墙留 500 mm 以上的空间，以便于维修，如图 5-53 所示。无底座、无减振橡胶的泵站可按厂家规定直接安放在地面上，找平找正后用膨胀螺栓固定。

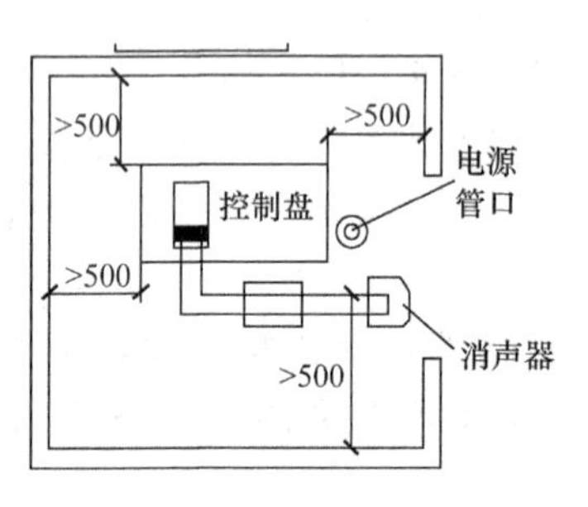

图 5-53　泵站箱体示意

5. 油管安装

(1) 油管路的安装。油管口端部和橡胶密封圈里面用干净白绸布擦净后，涂上润滑油。将密封圈轻轻套入油管头。泵站按要求就位后，要注意防振胶垫要垂直压下，不可有搓、滚现象。把密封圈套入后露出管口，把要组对的两管口对接严密，把密封圈轻轻推向两管接口处，使密封圈封住的两管长度相等。用手在密封圈的顶部及两侧均匀地轻压，使密封圈和油管头接触严密。在橡胶密封圈外均匀地涂上液压油，用两个管钳一边固定，一边用力紧固螺母。其要求应遵照厂家技术文件规定，无规定的应以不漏油为原则。油管与油箱及液压缸的连接均采用此方法。

(2) 油管的固定。在要固定的部位包上专用的齿形橡胶，使齿在外边，然后用卡子加以固定。也有沿地面固定的，方法是直接用 Ω 形卡打胀塞固定，固定间距以 1000～1200 mm 为宜，如

图 5-54 所示。

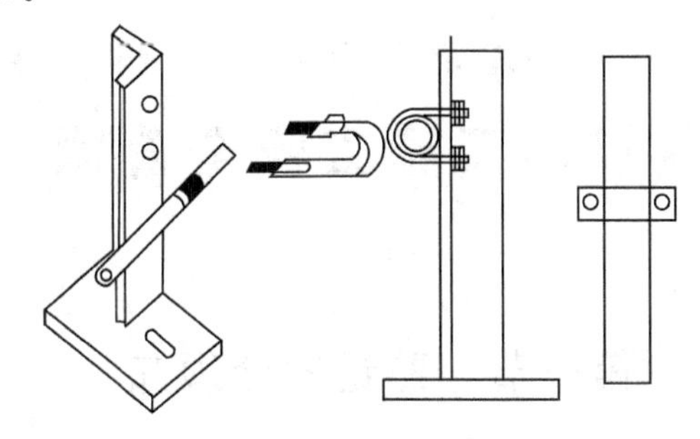

图 5-54 油管固定

(3) 回油管的安装。在轿厢连续运行中，由于柱塞的反复升降，会有部分液压油从液压缸顶部密封处压出。为了减少液压油的损失，在液压缸顶部装有接油盘，接油盘里的油通过回油管送回到储油箱。回油管头和油盘的连接应十分认真。回油管因为没有压力，连接处不漏油即可。但回油管较长，固定要美观、合理，且应固定在不易碰撞、踩踏的地方。油管连接处必须在安装时才可拆封，擦拭时必须使用白绸布，严禁残留任何杂物。所有油管接口处必须密封严密，严禁漏油。

第六章 建筑电工施工安全管理

第一节 熟记安全须知

一、一般安全须知

（1）工人进入施工现场必须正确佩戴安全帽，上岗作业前必须先进行三级（公司、项目部、班组）安全教育，经考试合格后方能上岗作业；凡变换工种的，必须进行新工种安全教育。

（2）正确使用个人防护用品，认真落实安全防护措施。在没有防护设施的高处、悬崖和陡坡施工，必须系好安全带。

（3）坚持文明施工，材料堆放整齐，严禁穿拖鞋、光脚等进入施工现场。

（4）禁止攀爬脚手架、安全防护设施等。严禁乘坐提升机吊笼上下或跨越防护设施。

（5）施工现场临边、洞口，市政基础设施工程的检查井口沉井口等设置防护栏或防护挡板，通道口搭设双层防护棚，并设危险警示标志。

（6）爱护安全防护设施，不得擅自拆动，如需拆动，必须经安全员审查并报项目经理同意，但应有其他有效预防措施。

二、防火须知

（1）贯彻“预防为主，防消结合”的安方针，实行防火安全责任制。

（2）现场动用明火必须有审批手续和动火监护人员，配备合适的灭火器材，下班前必须确认无火灾隐患方可离开。

（3）宿舍内严禁使用煤油灯、煤气灶、电饭煲、热得快、电炒锅、电炉等。

（4）施工现场除指定地点外作业区禁止吸烟。

（5）严格遵守冬季、高温季节施工等防火要求。

（6）从事金属焊接（气割）等作业人员必须持证上岗，焊割时应有防水措施。

（7）建筑电工车间及装修施工区易燃废料必须及时清除，防止火灾发生，发生火灾（警）应立即向119报警。

（8）按消防规定施工现场和重点防火部位必须配备灭火器材和有关器具。

（9）当建筑施工高度超过30 m时，要配备有足够消防水源和自救的用水量，立管直径在50 mm以上，有足够扬程的高压水泵保证水压和每层设有消防水源接口。

三、施工用电须知

（1）使用电气设备前，必须按规定穿戴相应的劳动保护用品，并检查电气装置和保护设施是否完好。开关箱使用完毕，应断电上锁。

（2）建设工程在高、低压线路下方，不得搭设作业棚、建造生活设施或堆放构件、材料以及其他杂物等，必要时采取安全防护措施。

（3）不得攀爬、破坏外电防护架体，不得损坏各类电气设备，人及任何导电物体与外电架空线路的边线之间的最小安全操作距离。

（4）施工现场配电，中性点直接接地中，必须采用TN-S接零保护系统（三相五线制），实行三级配电（总配电柜、箱、分路箱、开关箱）三级保护。线路（包括架空线、配电箱内连线）分色为：相线L1为黄色，相线L2为绿色，相线L3为红色，工作零线N为浅蓝色，保护零线PE为黄/绿双色。禁止使用老化

电线，破皮的应进行包扎或更换。不得拖拉、浸水或缠绑在脚手架上等。

(5) 实行“一机一闸一漏一箱”制。严禁使用电缆券筒螺旋开关箱，严禁带电移动电气设备或配电箱，禁用倒顺开关。

(6) 施工现场停止作业1小时以上时，应将动力开关箱断电上锁。

(7) 熔断丝应与设备容量相匹配、不得用多根熔丝绞接代替一根熔丝，每组熔丝的规格应一致，严禁用其他金属丝代替熔丝。

(8) 施工现场照明灯具的金属外壳必须作保护接零，其电源线应采用三芯橡皮护套电缆，严禁使用花线和塑料护套线。

四、建筑电工操作安全守则

(1) 建筑电工必须经省级建设行政主管部门考核合格，取得建筑施工特种作业人员操作证书，方可上岗。

(2) 所有绝缘、检查工具应妥善保管，严禁他用，并定期检查、校验。

(3) 现场施工用高、低电压设备及线路，应按照施工设计有关电气安全技术规程安装和架设。

(4) 线路上禁止带负荷接电，并禁止带电操作。

(5) 有人触电，立即切断电源，进行急救；电气着火，立即将有关电源切断，并使用干粉灭火器或干砂灭火。

(6) 安装高压油开关、自动空气开关等有返回弹簧的开关设备时应将开关置于断开位置。

(7) 多台配电箱并列安装，手指不得放在两盘的结合处，不得摸连拉接螺孔。

(8) 用摇表测定绝缘电阻，应防止有人触及正在测电的线路或设备。测定容性或感性设备、材料后，必须放电。雷电时禁止测定线路绝缘。

(9) 电流互感器禁止开路，电压互感器禁止短路或升压方式运行。

(10) 电气材料或设备需放电时，应穿戴绝缘防护用品，用绝缘棒安全放电。

(11) 现场配电高压设备，不论带电与否，单人值班不准超越遮栏和从事修理工作。

(12) 人工立杆，所用叉木应坚固完好，操作时，互相配合，用力均衡。机械立杆，两侧应设溜绳。立杆时坑内不得有人，基坑夯实后，方准拆去叉木或拖拉绳。

(13) 登杆前，杆根应夯实牢固。旧木杆杆根单侧腐朽深度超过杆根直径 1/8 以上时，应经加固后，方能登杆。

(14) 登杆操作脚扣应与杆径相适应。使用脚踏板，钩子应向上。安全带应拴于安全可靠处，扣环扣牢，不准拴于瓷瓶或横担上。工具、材料应用绳索传递，禁止上下抛扔。

(15) 杆上紧线应侧向操作，并将夹螺栓拧紧。紧有角度的导线，应在外侧作业。调整拉线时，杆上不得有人。

(16) 紧线用的钢丝或钢丝绳，应能承受全部拉力，与导线的连接，必须牢固。紧线时，导线下方不得有人。单方向紧线时，反方向设置临时拉线。

(17) 架线时在线路的每 2～3 km 处，应接地一次，送电前必须拆除，如遇雷雨，停止工作。

(18) 电缆盘上的电缆端头，应绑扎牢固。放线架、千斤顶应设置平稳，线盘应缓慢转动，防止脱杆或倾倒。电缆敷设至拐弯处，应站在外侧操作。木盘上钉子应拔掉或打弯。

(19) 施工现场夜间临时照明电线及灯具，高度应不低于 2.5 m。易燃、易爆场所，应用防爆灯具。

(20) 照明开关、灯口及插座等，应正确接入相线及零线。

(21) 电缆严禁拖地和泡水，发现有破损或老化严重应及时更换。电缆横跨道路时应架空或加套管埋设。

第二节　读懂安全标识

一、禁止标识

常见禁止标志牌，如图 6-1 所示。

图 6-1　禁止标志牌

二、警告标识

常见警告标志牌，如图 6-2 所示。

图 6-2　警告标志牌

三、指令标识

常见指令标志牌，如图 6-3 所示。

图 6-3　指令标志牌

四、指示标识

常见指示标志牌，如图 6-4 所示。

紧急出口 EXIT	紧急出口 EXIT	滑动开门 SLIDE	滑动开门 SLIDE
推开 PUSH	拉开 PULL	疏散通道方向	疏散通道方向

图 6-4　指示标志牌

参考文献

蔡杏山. 2013. 图解电工快速入门与提高 [M]. 北京：化学工业出版社.

方大千. 2012. 实用电工手册 [M]. 北京：机械工业出版社.

韩雪涛. 2016. 电工安装与维修一看就会 [M]. 北京：电子工业出版社.

韩雪涛. 2017. 电工从入门到精通 [M]. 北京：化学工业出版社.

贾智勇. 2013. 电工基础知识 [M]. 北京：中国电力出版社.

秦钟全. 2014. 电工基础一点就透 [M]. 北京：化学工业出版社.

秦钟全. 2012. 低压电工上岗技能一本通 [M]. 北京：化学工业出版社.

邱勇进. 2016. 电工基础 [M]. 北京：化学工业出版社.

孙克军. 2016. 电工手册 [M]. 第 3 版. 北京：化学工业出版社.

王兰君. 2017. 电工基础自学入门 [M]. 北京：电子工业出版社.

王建. 2014. 实用电工手册 [M]. 北京：中国电力出版社.

张振文. 2018. 电工电路识图、布线、接线与维修 [M]. 北京：化学工业出版社.